N° D'ORDRE
209.

THÈSES

PRÉSENTÉES

A LA FACULTÉ DES SCIENCES DE PARIS

POUR OBTENIR

LE GRADE DE DOCTEUR ÈS SCIENCES,

Par M. PESLIN.

1re **THÈSE D'ASTRONOMIE.** — Sur la figure de la Terre.

2e **THÈSE DE MÉCANIQUE.** — Sur les axes principaux d'inertie.

Soutenues le   Mars 1858 devant la Commission d'Examen.

MM. LAMÉ, *Président.*
DELAUNAY, }
PUISEUX, } *Examinateurs.*

PARIS,

MALLET-BACHELIER, IMPRIMEUR-LIBRAIRE

DE L'ÉCOLE IMPÉRIALE POLYTECHNIQUE, DU BUREAU DES LONGITUDES,

Quai des Augustins, 55.

1858.

THÈSES

PRÉSENTÉES

A LA FACULTÉ DES SCIENCES DE PARIS

POUR OBTENIR

LE GRADE DE DOCTEUR ÈS SCIENCES,

Par M. PESLIN.

1re THÈSE D'ASTRONOMIE. — Sur la figure de la Terre.

2e THÈSE DE MÉCANIQUE. — Sur les axes principaux d'inertie.

Soutenues le   Mars 1858 devant la Commission d'Examen.

MM. LAMÉ, *Président.*
DELAUNAY, } *Examinateurs.*
PUISEUX,

PARIS,

MALLET-BACHELIER, IMPRIMEUR-LIBRAIRE

DE L'ÉCOLE IMPÉRIALE POLYTECHNIQUE, DU BUREAU DES LONGITUDES,

Quai des Augustins, 55.

1858.

ACADÉMIE DE PARIS.

FACULTÉ DES SCIENCES DE PARIS.

DOYEN................... MILNE EDWARDS, Professeur. Zoologie, Anatomie, Physiologie.

PROFESSEURS HONORAIRES. { BIOT.
PONCELET.

PROFESSEURS ....
DUMAS................... Chimie.
DESPRETZ .... Physique.
DELAFOSSE .... Minéralogie.
BALARD. .... Chimie.
LEFÉBURE DE FOURCY... Calcul différentiel et intégral.
CHASLES................. Géométrie supérieure.
LE VERRIER............. Astronomie physique.
DUHAMEL................ Algèbre supérieure.
GEOFFROY-SAINT-HILAIRE. Anatomie, Physiologie compa-
rée, Zoologie.
LAMÉ.................... Calcul des probabilités, Phy-
sique mathématique.
DELAUNAY............... Mécanique physique.
PAYER.................. Botanique.
C. BERNARD............. Physiologie générale.
P. DESAINS............. Physique.
LIOUVILLE.............. Mécanique rationnelle.
PUISEUX .... Astronomie.
HÉBERT................. Géologie.

AGRÉGÉS..............
BERTRAND............... } Sciences mathématiques.
J. VIEILLE..............
MASSON................. } Sciences physiques.
PELIGOT................
DUCHARTRE............. Sciences naturelles.

SECRÉTAIRE............ E. PREZ-REYNIER.

THÈSE D'ASTRONOMIE.

SUR LA FIGURE DE LA TERRE.

Ce Mémoire a pour objet la détermination théorique de la figure de la Terre.

Le problème que je me propose n'est pas nouveau, et depuis Newton, qui en a posé les conditions, il a été le but de nombreuses recherches. Je ne ferai pas l'historique de la question pendant le siècle dernier. On le trouvera développé très-complétement dans la *Mécanique céleste* de Laplace.

Dans ce siècle, je connais trois Mémoires qui y ont rapport.

1°. Un premier Mémoire de Poisson (1826), dans lequel il démontre que l'une des équations fondamentales de Laplace, l'équation

$$\frac{d^2V}{dx^2} + \frac{d^2V}{dy^2} + \frac{d^2V}{dz^2} = 0,$$

est fausse, et ne peut s'appliquer au problème de la figure de la Terre. C'est sur la rectification de cette équation qu'il base toute sa théorie de l'électricité statique.

2°. Un second Mémoire, du même savant (1829), où il reprend le problème pour lequel il avait montré que la *Mécanique céleste* est en défaut, et où il le traite complétement dans le cas de l'homogénéité, et de l'action en raison inverse du carré des distances.

3°. Un Mémoire de Jacobi, dans lequel il montre que, outre deux ellipsoïdes de révolution, il y a deux ellipsoïdes à trois axes inégaux satisfaisant aux conditions d'équilibre dans le cas de l'homogénéité et de la même loi d'attraction. (Ce résultat, non applicable à la Terre, ne se rattache que d'une manière très-indirecte à notre sujet.)

I.

(4)

En résumé, le problème a été résolu pour le cas de l'homogénéité, et dè la loi d'action en raison inverse du carré des distances. Pour les fluides hétérogènes, et la même loi d'action des masses, on a l'analyse de Laplace dans la *Mécanique céleste;* mais une des équations fondamentales a été reconnue fausse. On ne possède aucune recherche sur toute autre loi d'action que celle de Newton (*). Enfin, s'appuyant sur ce que la vitesse angulaire de rotation de la Terre est très-faible, ceux qui ont déjà traité ce problème se sont toujours contentés de considérer dans tous les développements les termes où elle n'entre pas, et ceux où elle entre au carré, négligeant tous ceux où elle entre avec une puissance supérieure.

Dans ce Mémoire, je cherche à combler ces lacunes, à traiter le problème aussi généralement et aussi complétement que possible; et j'arrive à ce résultat, que, quelle que soit la loi des densités dans l'intérieur de la Terre, nos mesures géodésiques actuelles, avec les limites d'erreurs qu'elles comportent, doivent nous apprendre que la figure générale de la Terre est celle d'un ellipsoïde dé révolution.

Je diviserai ce Mémoire en deux parties :

La première sera consacrée à la solution théorique du problème de la figure d'une masse fluide animée d'un mouvement de rotation.

La seconde contiendra l'application à la figure de la Terre des formules de la première partie.

PREMIÈRE PARTIE.

Dans cette première partie, je cherche la solution du problème de mécanique suivant :

Une masse fluide conserve une figure d'équilibre invariable (je veux dire que les positions relatives de ses différentes molécules ne changent pas). *Son mouvement est une rotation uniforme de vitesse angulaire ω, autour d'un axe fixe dans son intérieur. Les seules forces qui sollicitent*

(*) Il faut excepter l'attraction proportionnelle à la distance (*voyez* la *Mécanique* de Poisson).

ses molécules sont leurs attractions réciproques, attractions qui varient avec la distance suivant une loi donnée $f(r)$. On demande de déterminer la figure d'équilibre; les lois de variation de la densité, de la pression dans l'intérieur de la masse fluide; la gravité à sa surface, etc.

D'après le principe de d'Alembert, les forces d'inertie, qui sont ici les forces centrifuges correspondant au mouvement de rotation, doivent faire équilibre aux forces réelles, c'est-à-dire aux attractions réciproques des divers points du fluide. Je prends l'axe de rotation pour axe des z, et deux autres axes rectangulaires fixes par rapport à la masse fluide.

Pour une molécule (x, y, z) de masse $dm = \rho\, dx\, dy\, dz$, la force centrifuge aura pour composantes

$$X_1 = \omega^2 x\, dm, \quad Y_1 = \omega^2 y\, dm, \quad Z_1 = 0.$$

Quant aux actions des autres points du fluide sur dm, elles pourront se calculer comme il suit. Une molécule $dm'(x', y', z')$ attire dm avec une force $dm\, dm'\, f(r)$ qui donne pour composantes

$$dm\, dm'\, f(r)\, \frac{x' - x}{r}, \quad dm\, dm'\, f(r)\, \frac{y' - y}{r}, \quad dm\, dm'\, f(r)\, \frac{z' - z}{z}.$$

Donc les composantes de la résultante suivant les axes sont

$$dm \int\!\!\int\!\!\int dm'\, f(r)\, \frac{x' - x}{r}, \quad dm \int\!\!\int\!\!\int dm'\, f(r)\, \frac{y' - y}{r}, \quad dm \int\!\!\int\!\!\int dm'\, f(r)\, \frac{z' - z}{r}.$$

Posons

$$\varphi(r) = \int f(r)\, dr \quad \text{et} \quad V = \int\!\!\int\!\!\int \varphi(r)\, dm';$$

les valeurs des composantes de la résultante pourront s'écrire

$$- dm\, \frac{dV}{dx}, \quad - dm\, \frac{dV}{dy}, \quad - dm\, \frac{dV}{dz}.$$

Ainsi, en résumé, la masse fluide doit être en équilibre, chaque élément dm étant soumis aux forces

$$X = \left(\omega^2 x - \frac{dV}{dx} \right) dm, \quad Y = \left(\omega^2 y - \frac{dV}{dy} \right) dm, \quad Z = - \frac{dV}{dz}\, dm.$$

L'équation qui exprime cet équilibre est

$$dp = \rho \left[\left(\omega^2 x - \frac{dV}{dx} \right) dx + \left(\omega^2 y - \frac{dV}{dy} \right) dy - \frac{dV}{dz}\, dz \right],$$

p étant la pression au point x, y, z rapportée à l'unité de surface. Soit

$$U = \frac{\omega^2}{2}(x^2 + y^2) - V;$$

l'équation d'équilibre peut s'écrire

$$dp = \rho\, dU.$$

Elle montre que p ne dépend que de U. On a donc

$$p = F(U), \quad \rho = F'(U);$$

et le liquide doit être distribué en couches de niveau homogènes et de pression constante $U = C$.

Ceci nous donne la loi des densités et des pressions dans l'intérieur du fluide. Quant à la gravité, elle est normale à la surface de niveau correspondante, et a pour valeur

$$g = \sqrt{\left(\frac{dU}{dx}\right)^2 + \left(\frac{dU}{dy}\right)^2 + \left(\frac{dU}{dz}\right)^2}.$$

Amené à ce point, le problème peut paraître résolu. Il n'en est rien cependant. Il faut remarquer que les équations des surfaces de niveau, les valeurs de p, ρ, g, dépendent de U, et que la détermination de U, ou, ce qui revient au même, de

$$V = \iiint \varphi(r)\, dm' = \iiint \varphi(r)\, \rho'dx'\, dy'\, dz',$$

suppose la connaissance de la valeur de ρ en x, y et z; de sorte que U dépend d'une équation implicite

$$U = \frac{\omega^2}{2}(x^2 + y^2) - \iiint \varphi(r)\, F'(U')\, dx'\, dy'\, dz',$$

et que toute la difficulté du problème consiste précisément à tirer U de cette équation.

Mais quelque imparfaites que soient nos formules précédentes, elles peuvent déjà nous fournir quelques résultats importants.

Supposons d'abord que la fonction $f(r)$ soit de la forme

$$f(r) = f.\, r^{2n+1},$$

n étant entier et positif; on aura

$$\varphi(r) = f \cdot \frac{r^{2n+2}}{2n+2};$$

donc

$$V = \iiint \varphi(r)\, dm' = \frac{f}{2n+2} \iiint r^{2n+2}\, dm'$$
$$= \frac{f}{2n+2} \iiint \left[(x-x')^2 + (y-y')^2 + (z-z')^2\right]^{n+1} dm'.$$

Si nous développons par la formule de Newton,

$$\left[(x-x')^2 + (y-y')^2 + (z-z')^2\right]^{n+1} = \sum A_{p,q,r,\mu,\nu,\varpi}\, x^p y^q z^r,\ x'^\mu y'^\nu z'^\varpi,$$

et, par conséquent,

$$V = \sum x^p y^q z^r\, A_{p,q,r,\mu,\nu,\varpi} \iiint x'^\mu y'^\nu z'^\varpi\, dm';$$

V est donc une fonction algébrique entière, de degré $2n + 2$, par rapport à x, y, z; et, par suite,

$$U = \frac{\omega^2}{2}(x^2 + y^2) - V.$$

Ainsi toutes les surfaces de niveau sont des surfaces algébriques de degré $2n + 2$.

Ceci s'étend immédiatement à une loi d'attraction $f(r)$ algébrique et entière dont tous les termes ont des exposants impairs.

Considérons le cas particulier de l'attraction proportionnelle à la distance; on a

$$f(r) = f \cdot r, \qquad \varphi(r) = f \frac{r^2}{2},$$

$$V = \frac{f}{2} \iiint \left[(x-x')^2 + (y-y')^2 + (z-z')^2\right] dm'$$
$$= \frac{f}{2}\left[(x^2+y^2+z^2)\iiint dm' - 2x\iiint x'\, dm' - 2y\iiint y'\, dm' \right.$$
$$\left. - 2z\iiint z'\, dm' + \iiint (x'^2+y'^2+z'^2)\, dm'\right].$$

Or le centre de gravité de la masse fluide est sur l'axe de révolution. Car on sait que pour qu'un solide, et par conséquent un liquide de figure invariable, conserve un mouvement de rotation autour d'un axe fixe dans son intérieur, il faut que cet axe soit un des axes principaux d'inertie relatifs au centre de gravité.

Nous pouvons donc supposer que l'on ait pris pour origine le centre de gravité du fluide. Alors on aura

$$\iiint x'\,dm' = 0, \quad \iiint y'\,dm' = 0, \quad \iiint z'\,dm' = 0.$$

Soient

$$\iiint dm' = M \quad \text{et} \quad \iiint (x'^2 + y'^2 + z'^2)\,dm' = MR^2,$$

il vient

$$V = \frac{fM}{2}(x^2 + y^2 + z^2 + R^2),$$

$$U = \frac{\omega^2}{2}(x^2 + y^2) - \frac{fM}{2}(x^2 + y^2 + z^2 + R^2).$$

De sorte que les surfaces de niveau $U = C$ sont des surfaces du second degré de révolution autour de l'axe des z, et semblables entre elles. La loi des densités en fonction de U est d'ailleurs arbitraire

$$\rho = F'(U),$$

et on en déduit la loi des pressions

$$p = \int F'(U)\,dU.$$

Je vais passer immédiatement à la loi de la nature. Il faut faire

$$f(r) = \frac{f}{r^2};$$

d'où

$$\varphi(r) = -\frac{f}{r}.$$

J'appellerai désormais V le potentiel de la masse fluide $\iiint \dfrac{dm'}{r}$. Alors

$$\iiint \varphi(r)\,dm' = -fV,$$

et les équations d'équilibre deviennent

$$(1) \qquad U = \frac{\omega^2}{2}(x^2 + y^2) + fV, \quad p = F(U), \quad \rho = F'(U).$$

(9)

Le potentiel V satisfait à l'équation différentielle bien connue

$$\frac{d^2V}{dx^2} + \frac{d^2V}{dy^2} + \frac{d^2V}{dz^2} = -4\pi\rho.$$

Remplaçons toutes ces fonctions par leurs valeurs en U, il vient

$$(\alpha) \qquad \frac{d^2U}{dx^2} + \frac{d^2U}{dy^2} + \frac{d^2U}{dz^2} = 2\omega^2 - 4\pi f\, F'(U),$$

équations aux différences partielles que doit vérifier U.

Cette équation ne peut s'intégrer en laissant la fonction F quelconque. Mais elle peut nous servir à prouver l'impossibilité de certaines figures d'équilibre.

———————

Jusqu'ici les géomètres n'ont considéré que les figures d'équilibre dans lesquelles toutes les couches de niveau sont des ellipsoïdes concentriques et de mêmes axes. Nous allons montrer que l'équilibre rigoureux est alors impossible, si ce n'est dans le cas d'un fluide homogène. Je supposerai seulement que toutes les surfaces de niveau soient du second degré, et aient un même centre. Ce centre commun sera alors évidemment le centre de gravité de la masse, et, d'après un raisonnement déjà fait, devra être sur l'axe de révolution. On peut le supposer pris pour origine des coordonnées. Et alors l'équation d'une surface de niveau quelconque sera

$$(\beta) \qquad A x^2 + A' y^2 + A'' z^2 + 2 B xy + 2 B' xz + 2 B'' yz - H = 0,$$

A, A', A'', B, B', B'' et H étant des coefficients variant d'une couche à l'autre, et par suite des fonctions de U.

En supposant ces coefficients remplacés dans l'équation précédente par leurs valeurs en U, elle deviendra une relation entre U, x, y et z qui détermine la valeur de U. Je représente cette équation par

$$\Phi(U, x, y, z) = 0.$$

Il faut en tirer les valeurs de $\frac{d^2U}{dx^2}$, $\frac{d^2U}{dy^2}$, $\frac{d^2U}{dz^2}$, pour les substituer dans l'équation (α). Différentions, par rapport à x, il vient

$$(\gamma) \qquad \frac{d\Phi}{dx} + \frac{d\Phi}{dU}\frac{dU}{dx} = 0,$$

$$(\delta) \qquad \frac{d^2\Phi}{dx^2} + 2\frac{d^2\Phi}{dx\,dU}\frac{dU}{dx} + \frac{d^2\Phi}{dU^2}\left(\frac{dU}{dx}\right)^2 + \frac{d\Phi}{dU}\frac{d^2U}{dx^2} = 0.$$

2

Nous aurons deux autres équations semblables à la dernière en différentiant par rapport à y, et par rapport à z. Ajoutons les trois équations (δ), multiplions le tout par $\left(\frac{d\Phi}{dU}\right)^2$, et éliminons les secondes dérivées de U au moyen de la relation (α) et les premières dérivées de U au moyen des équations (γ). Il vient

$$(\varepsilon)\left\{\begin{array}{l} \left(\dfrac{d\Phi}{dU}\right)^2\left[\dfrac{d^2\Phi}{dx^2}+\dfrac{d^2\Phi}{dy^2}+\dfrac{d^2\Phi}{dz^2}\right]-2\dfrac{d\Phi}{dU}\left[\dfrac{d\Phi}{dx}\dfrac{d^2\Phi}{dx\,dU}+\dfrac{d\Phi}{dy}\dfrac{d^2\Phi}{dy\,dU}+\dfrac{d\Phi}{dz}\dfrac{d^2\Phi}{dz\,dU}\right] \\ +\dfrac{d^2\Phi}{dU^2}\left[\left(\dfrac{d\Phi}{dx}\right)^2+\left(\dfrac{d\Phi}{dy}\right)^2+\left(\dfrac{d\Phi}{dz}\right)^2\right]+\left(\dfrac{d\Phi}{dU}\right)^3[2\omega^2-4\pi f\,F'(U)]=0. \end{array}\right.$$

Cette équation (ε) doit être vérifiée identiquement par la valeur de U tirée de l'équation

$$\Phi(U,x,y,z)=0.$$

Donnons donc à U une valeur quelconque, l'équation (δ) représentera une surface du second degré, et l'équation (ε) une surface du sixième degré, qui devra contenir tous les points de la surface du second degré (δ). Donc le premier membre de l'équation (ε) devra être divisible par le premier membre de l'équation (δ), et donner un quotient entier par rapport à x, y et z.

On en conclut que les termes de l'équation (ε), du sixième degré par rapport à x, y et z, doivent être divisibles par les termes du second degré de l'équation (δ). Or les termes du second degré de (δ) sont :

$$\chi(U,x,y,z)=Ax^2+A'y^2+A''z^2+2Bxy+2B'xz+2B''yz,$$

et les termes du sixième degré de (ε) seront représentés par

$$\left(\frac{d\chi}{dU}\right)^3[2\omega^2-4\pi f F'(U)].$$

Pour que le premier polynôme divise le second, il faut que

$$2\omega^2-4\pi f F'(U)=0,$$

c'est-à-dire que la densité

$$\rho=F'(U)=\frac{2\omega^2}{4\pi f}$$

soit constante, ou bien que $\chi(U)$ divise $\left(\frac{d\chi}{dU}\right)^3$. Dans ce dernier cas, $\chi(U)$ divisera même $\frac{d\chi}{dU}$; car $\chi(U)$ est un polynôme premier en x, y et z, et devant diviser un produit de trois facteurs $\frac{d\chi}{dU}$, il doit diviser l'un d'eux.

Or on a

$$\frac{d\chi}{dU} = \frac{dA}{dU}x^2 + \frac{dA'}{dU}y^2 + \frac{dA''}{dU}z^2 + 2\frac{dB}{dU}xy + 2\frac{dB'}{dU}xz + 2\frac{dB''}{dU}yz.$$

Et pour que ce polynôme soit divisible par $\chi(U)$, il faut que l'on ait

$$\frac{\frac{dA}{dU}}{A} = \frac{\frac{dA'}{dU}}{A'} = \frac{\frac{dA''}{dU}}{A''} = \frac{\frac{dB}{dU}}{B} = \frac{\frac{dB'}{dU}}{B'} = \frac{\frac{dB''}{dU}}{B''}.$$

On en déduit, par exemple,

$$\frac{A\frac{dA'}{dU} - A'\frac{dA}{dU}}{A^2} = 0 \quad \text{ou} \quad \frac{d\left(\frac{A'}{A}\right)}{dU} = 0.$$

Donc $\frac{A'}{A}$ est constant, puisque A et A' ne dépendent que de U. Il en est de même de $\frac{A''}{A}$, $\frac{B}{A}$, $\frac{B'}{A}$, $\frac{B''}{A}$. Et en divisant toute l'équation (6) par une fonction de U convenable, on la ramènera à la forme

$$(\lambda) \qquad Ax^2 + A'y^2 + A''z^2 + 2Bxy + 2B'xz + 2B''yz - \varphi(U) = 0,$$

A, A', A'', B, B', B'' étant maintenant constants.

Substituons dans l'équation (ε), on a

$$\frac{d\Phi}{dU} = -\varphi'(U), \quad \frac{d^2\Phi}{dx\,dU} = 0, \quad \frac{d^2\Phi}{dy\,dU} = 0, \quad \frac{d^2\Phi}{dz\,dU} = 0, \quad \frac{d^2\Phi}{dU^2} = -\varphi''(U),$$

$$\frac{d\Phi}{dx} = 2Ax + 2By + 2B'z, \quad \frac{d^2\Phi}{dx^2} = 2A,$$

$$\frac{d\Phi}{dy} = 2A'y + 2Bx + 2B''z, \quad \frac{d^2\Phi}{dy^2} = 2A',$$

$$\frac{d\Phi}{dz} = 2A''z + 2B'x + 2B''y, \quad \frac{d^2\Phi}{dz^2} = 2A''.$$

Il viendra donc

$$(\mu) \quad \begin{cases} -4\varphi''(U)[(Ax+By+B'z)^2+(A'y+Bx+B''z)^2+(A''z+B'x+B''y)^2] \\ +\varphi'(U)^2\{2(A+A'+A'') - \varphi'(U)\left[2\omega^2 - 4\pi f F'(U)\right]\} = 0. \end{cases}$$

2.

D'après la même démonstration que précédemment, le premier membre de l'équation (μ) doit être divisible par le premier membre de l'équation (λ) et donner un quotient entier par rapport à x, y et z, et par suite indépendant de ces trois variables, puisque les deux polynômes sont du même degré.

Supposons d'abord $\varphi''(\mathrm{U})$ différent de o.

En ne prenant que les termes du second degré, on voit qu'on devra avoir

$$\frac{\mathrm{A}^2 + \mathrm{B}^2 + \mathrm{B}'^2}{\mathrm{A}} = \frac{\mathrm{A}'^2 + \mathrm{B}^2 + \mathrm{B}''^2}{\mathrm{A}'} = \frac{\mathrm{A}''^2 + \mathrm{B}'^2 + \mathrm{B}''^2}{\mathrm{A}''} = \frac{\mathrm{AB} + \mathrm{A}'\mathrm{B} + \mathrm{B}'\mathrm{B}''}{\mathrm{B}}$$

$$= \frac{\mathrm{AB}' + \mathrm{A}''\mathrm{B}' + \mathrm{BB}''}{\mathrm{B}'} = \frac{\mathrm{A}'\mathrm{B}'' + \mathrm{A}''\mathrm{B}'' + \mathrm{BB}'}{\mathrm{B}''} = \mathrm{K}.$$

Pour déduire de ces équations des relations plus simples entre A, A', A'', B, B', B'', j'emploierai l'artifice suivant.

Soient ξ, η, ζ trois variables, et u, v, t trois nouvelles variables liées aux premières par les relations :

$$u = \mathrm{A}\xi + \mathrm{B}\eta + \mathrm{B}'\zeta, \quad v = \mathrm{A}'\eta + \mathrm{B}\xi + \mathrm{B}''\zeta, \quad t = \mathrm{A}''\zeta + \mathrm{B}'\xi + \mathrm{B}''\eta.$$

On en déduira

$$\mathrm{A}u + \mathrm{B}v + \mathrm{B}'t = (\mathrm{A}^2 + \mathrm{B}^2 + \mathrm{B}'^2)\xi + (\mathrm{AB} + \mathrm{A}'\mathrm{B} + \mathrm{B}'\mathrm{B}'')\eta + (\mathrm{AB}' + \mathrm{BB}'' + \mathrm{A}''\mathrm{B}')\zeta$$
$$= \mathrm{K}(\mathrm{A}\xi + \mathrm{B}\eta + \mathrm{B}'\zeta),$$

ou

$$\mathrm{A}(u - \mathrm{K}\xi) + \mathrm{B}(v - \mathrm{K}\eta) + \mathrm{B}'(t - \mathrm{K}\zeta) = \mathrm{o}.$$

On prouverait identiquement de même que l'on a

$$\mathrm{A}'(v - \mathrm{K}\eta) + \mathrm{B}(u - \mathrm{K}\xi) + \mathrm{B}''(t - \mathrm{K}\zeta) = \mathrm{o},$$
$$\mathrm{A}''(t - \mathrm{K}\zeta) + \mathrm{B}'(u - \mathrm{K}\xi) + \mathrm{B}''(v - \mathrm{K}\eta) = \mathrm{o}.$$

Ces trois équations entre $u - \mathrm{K}\xi$, $v - \mathrm{K}\eta$, $t - \mathrm{K}\zeta$ sont celles qui déterminent le centre de la surface

$$\mathrm{A}x^2 + \mathrm{A}'y^2 + \mathrm{A}''z^2 + 2\mathrm{B}xy + 2\mathrm{B}'xz + 2\mathrm{B}''yz = \mathrm{H}.$$

Or cette surface, qui est celle d'une de nos couches de niveau quelconques, n'a qu'un centre, l'origine des coordonnées. Donc des équations précédentes on tire rigoureusement :

$$u - \mathrm{K}\xi = \mathrm{o}, \quad v - \mathrm{K}\eta = \mathrm{o}, \quad t - \mathrm{K}\zeta = \mathrm{o},$$

ou

$$(A - K)\xi + B\eta + B'\zeta = 0,$$
$$(A' - K)\eta + B\xi + B''\zeta = 0,$$
$$(A'' - K)\zeta + B'\xi + B''\eta = 0.$$

Et comme ξ, η, ζ sont trois variables indépendantes arbitraires, on doit avoir

$$A = A' = A'' = K, \quad B = B' = B'' = 0.$$

Dans ce cas, l'équation générale des surfaces de niveau devient

$$x^2 + y^2 + z^2 = \frac{\varphi(U)}{K}.$$

Toutes les couches de niveau sont sphériques. Or je dis qu'alors l'équilibre est impossible. En effet, l'action de toute la masse fluide sur une de ses molécules est, par raison de symétrie, dirigée suivant le rayon vecteur de la molécule, ou la normale à la couche de niveau à laquelle elle appartient. La force centrifuge n'aura cette direction que dans le plan équatorial. Donc la résultante ne sera pas en général dirigée suivant la normale à la surface de niveau, ce qui est une des conditions de l'équilibre. Ainsi l'hypothèse de $\varphi''(U)$ différent de o ne nous mène qu'à des formes impossibles.

Supposons donc enfin

$$\varphi''(U) = 0.$$

On en tire

$$\varphi'(U) = C,$$

et l'équation (μ) devient

$$(\nu) \qquad C^2 \left[2(A + A' + A'') - C(2\omega^2 - 4\pi f F'(U)) \right] = 0.$$

On ne peut avoir $C = 0$. Car alors $\varphi(U)$ serait constant, et l'équation générale des couches de niveau donnerait une surface unique du second degré, ce que nous ne pouvons admettre.

Divisant par $2C^3$, l'équation précédente donnera

$$\omega^2 - 2\pi f F'(U) = \frac{A + A' + A''}{C};$$

d'où

$$\rho = F'(U) = \frac{\omega^2 - \dfrac{A + A' + A''}{C}}{2\pi f}.$$

Ce qui nous amène enfin à cette conclusion rigoureuse, que le fluide doit être homogène.

Si on voulait poursuivre, il faudrait remarquer que l'axe de rotation doit être un des axes d'inertie principaux de l'ellipsoïde homogène que forme la masse fluide, et par conséquent un de ses axes de figure. On aurait donc à chercher quelles sont les figures ellipsoïdales qui conviennent à l'équilibre d'un fluide homogène tournant autour d'un des axes de l'ellipsoïde.

C'est le problème que Jacobi a résolu dans toute sa généralité ; et on sait que, outre les deux ellipsoïdes de révolution déjà connus, il a trouvé deux ellipsoïdes à trois axes inégaux satisfaisant aux conditions d'équilibre.

Je ne m'arrêterai pas plus longtemps sur ces théorèmes curieux, mais un peu étrangers à notre sujet, et je reprendrai immédiatement la question qui est l'objet principal de ce travail : *Trouver la figure d'équilibre du fluide hétérogène, les attractions variant en raison inverse du carré de la distance.*

Dans les développements qui vont suivre, j'emploierai constamment les fonctions remarquables dont Laplace a tiré un si grand parti dans son étude des attractions des sphéroïdes. Je crois donc à propos de rappeler en quelques mots sans démonstration les propriétés de ces fonctions.

1.

Soit l'expression

$$(1 + \alpha^2 - 2\alpha p)^{-\frac{1}{2}}, \quad \text{où} \quad p = \cos\varphi < 1 ;$$

elle pourra se développer suivant les puissances croissantes de α en une série

$$(1 + \alpha^2 - 2\alpha p)^{-\frac{1}{2}} = P_0 + P_1 \alpha + P_2 \alpha^2 + \ldots + P_n \alpha^n + \ldots,$$

qui sera convergente toutes les fois que $\alpha^2 < 1$.

La valeur du coefficient P_n du terme général est

$$P_n = \frac{1}{1 . 2 . 3 \ldots n . 2^n} \cdot \frac{d^n [(p^2 - 1)^n]}{dp^n}.$$

Cette valeur est plus petite que 1 tant que $p^2 < 1$ ou que φ est réel. Et si p représente en coordonnées polaires l'angle de deux directions,

$$p = \mu\mu' + \sqrt{1 - \mu^2}\sqrt{1 - \mu'^2}\cos(\psi - \psi'),$$

P_n satisfera à l'équation différentielle

$$\frac{d(1 - \mu^2)\frac{dP_n}{d\mu}}{d\mu} + \frac{1}{1 - \mu^2}\frac{d^2P_n}{d\psi^2} + n(n + 1)P_n = 0.$$

II.

Soit maintenant V une fonction quelconque de deux variables μ et ψ, qui définiront par exemple une direction dans le système ordinaire des coordonnées polaires. On pourra toujours développer cette fonction en une série convergente

$$V = U_0 + U_1 + U_2 + \ldots + U_n + \ldots,$$

U_n satisfaisant à l'équation différentielle

$$\frac{d(1 - \mu^2)\frac{dU_n}{d\mu}}{d\mu} + \frac{1}{1 - \mu^2}\frac{d^2U_n}{d\psi^2} + n(n + 1)U_n = 0.$$

(Je néglige quelques cas de discontinuité très-singuliers pour lesquels cette série peut tomber en défaut.)

La fonction V n'admet qu'un seul développement de cette forme, et la valeur du terme général de la série est

$$U_n = \frac{2n + 1}{4\pi}\int_{-1}^{+1}\int_0^{2\pi} V'P_n\,d\mu'\,d\psi'.$$

III.

Ces fonctions U_n jouissent des deux propriétés suivantes. Si U_n et U_p sont deux fonctions d'ordre différent, on a

$$\int_{-1}^{+1}\int_0^{2\pi} U'_n U'_p\,d\mu'\,d\psi' = 0.$$

Lorsque les fonctions sont du même ordre, l'équation précédente n'a plus lieu, et dans le cas particulier où une des fonctions est P_n, on a

$$\int_{-1}^{+1} \int_0^{2\pi} P_n U'_n \, d\mu' \, d\psi = \frac{4\pi}{2n+1} U_n.$$

IV.

La fonction la plus générale U_n est un polynôme algébrique entier, de degré n par rapport à μ, $\sqrt{1-\mu^2} \cos \psi$, $\sqrt{1-\mu^2} \sin \psi$.

Et, réciproquement, toute fonction algébrique de degré n de ces trois variables donne une série

$$U_0 + U_1 + \ldots + U_n,$$

se réduisant aux $n+1$ premiers termes.

On conclut de ces deux propositions, que si on a plusieurs sommes

$$(X_0 + X_1 + \ldots + X_m), \quad (Y_0 + Y_1 + \ldots + Y_n), \quad (Z_0 + Z_1 + \ldots + Z_p),$$

leur produit développé donnera une somme d'ordre $m+n+p$

$$U_0 + U_1 + \ldots + U_{m+n+p}.$$

Je m'appuierai en outre sur le théorème suivant, qui me sera de la plus grande utilité dans la suite du calcul.

V.

De l'équation

$$(1) \qquad \varpi_n(r) = \frac{1}{2n+1} \left[\int_\alpha^r \frac{r'^n}{r^{n+1}} f(r') \varpi_n(r') \, dr' + \int_r^b \frac{r^n}{r'^{n+1}} f(r') \varpi_n(r') \, dr' \right],$$

on conclut rigoureusement

$$\varpi_n(r) = 0.$$

Nous allons voir d'abord que $\varpi_n(r)$ satisfait à une équation différentielle.

Je multiplie les deux membres par r et je différentie par rapport à r, il vient

$$\frac{d[r\varpi_n(r)]}{dr} = -\frac{n}{2n+1} \int_\alpha^r \frac{r'^n}{r^{n+1}} f(r') \varpi_n(r') \, dr' + \frac{n+1}{2n+1} \int_r^b \frac{r^n}{r'^{n+1}} f(r') \varpi_n(r') \, dr'.$$

Une seconde différentiation donne :

$$\frac{d^2[r\varpi_n(r)]}{dr^2} = \frac{(-n)(-n-1)}{2n+1} \int_\alpha^r \frac{r'^n}{r^{n+2}} f(r')\varpi_n(r')\,dr' - \frac{n}{2n+1}\cdot\frac{1}{r} f(r)\varpi_n(r)$$

$$+ \frac{(n+1)n}{2n+1} \int_r^\mathfrak{b} \frac{r^{n-1}}{r'^{n+1}} f(r')\varpi_n(r')\,dr' - \frac{n+1}{2n+1}\cdot\frac{1}{r} f(r)\varpi_n(r)\,;$$

d'où

$$(2) \qquad r\frac{d^2[r\varpi_n(r)]}{dr^2} = n(n+1)\varpi_n(r) - f(r)\varpi_n(r).$$

Mais les fonctions satisfaisant à l'équation (1) ne sont pas les seules qui vérifient l'équation (2).

Il y en a d'autres, et nous allons montrer que ces fonctions satisfont à une équation analogue à (1), mais plus générale.

Je multiplie les deux membres de l'équation (2) par r^n; j'ajoute de part et d'autre le terme $(n+1)r^n\frac{d[r\varpi_n(r)]}{dr}$, et j'intègre entre les limites α et r, j'obtiens :

$$r^{n+1}\frac{d[r\varpi_n(r)]}{dr} = (n+1)r^n[r\varpi_n(r)] - \int_\alpha^r r'^n f(r')\varpi_n(r')\,dr' - A.$$

Divisons par r^{2n+2}, et faisons tout passer dans le premier membre :

$$r^{-n-1}\frac{d[r\varpi_n(r)]}{dr} + (-n-1)r^{-n-2}[r\varpi_n(r)] + \frac{1}{r^{2n+2}}\int_\alpha^r r'^n f(r')\varpi_n(r')\,dr' + \frac{A}{r^{2n+2}} = 0.$$

Intégrons entre les limites r et $\mathfrak{b}$:

$$(3) \quad -r^{-n-1}[r\varpi_n(r)] + \int_r^\mathfrak{b} \frac{dr'}{r'^{2n+2}} \int_\alpha^{r'} r'^n f(r')\varpi_n(r')\,dr' + \frac{A}{(2n+1)r^{2n+1}} + C = 0.$$

Or si nous intégrons par parties, nous aurons

$$\int_r^\mathfrak{b} \frac{dr'}{r'^{2n+2}} \int_\alpha^{r'} r'^n f(r')\varpi_n(r')\,dr'$$

$$= \left[-\frac{1}{(2n+1)r'^{2n+1}} \int_\alpha^{r'} r'^n f(r')\varpi_n(r')\,dr'\right]_r^\mathfrak{b} + \int_r^\mathfrak{b} \frac{r'^n f(r')\varpi_n(r')\,dr'}{(2n+1)r'^{2n+1}}$$

$$= -\frac{1}{(2n+1)\mathfrak{b}^{2n+1}} \int_\alpha^\mathfrak{b} r'^n f(r')\varpi_n(r')\,dr' + \frac{1}{2n+1}\int_\alpha^r \frac{r'^n}{r^{2n+1}} f(r')\varpi_n(r')\,dr'$$

$$+ \frac{1}{2n+1}\int_r^\mathfrak{b} \frac{f(r')\varpi_n(r')\,dr'}{r'^{n+1}}.$$

Le premier terme est une constante que je réunirai à C dans l'équation (3). Soit B la nouvelle constante ainsi obtenue ; je multiplie l'équation (3) par r^n, et je fais passer $\varpi_n(r)$ dans le second membre. J'ai enfin

$$(4) \quad \varpi_n(r) = \frac{1}{2n+1}\left[\int_\alpha^r \frac{r'^n}{r^{n+1}} f(r')\varpi_n(r')dr' + \int_r^b \frac{r^n}{r'^{n+1}} f(r')\varpi_n(r')dr'\right] + \frac{A}{r^{n+1}} + Br^n.$$

Le calcul qui précède montre que toute fonction satisfaisant à l'équation (3) satisfait à l'équation (4), et réciproquement.

Ceci nous mènera immédiatement à la démonstration de notre théorème. Car supposons que l'équation (1) admette une solution $y_1 = \varphi(r)$, différente de 0. L'équation (3) est une équation linéaire du second ordre ; puisque y_1 est une intégrale particulière, l'intégrale la plus générale pourra se mettre sous la forme

$$\varpi_n(r) = C_1 y_1 + C_2 y_2.$$

y_2 satisfait à l'équation (2), par suite à l'équation (4). Soient A_1 et B_1 les valeurs des constantes qui lui correspondent. La fonction $C_1 y_1 + C_2 y_2$ satisfera à l'équation (4), les constantes ayant pour valeur

$$A = C_2 A_1 ; \qquad B = C_2 B_1.$$

Donc toute fonction $\varpi_n(r)$ satisfaisant à l'équation (4) avec des valeurs des constantes telles, que l'on n'ait pas $\dfrac{A}{B} = \dfrac{A_1}{B_1}$, ne pourra être comprise dans la formule

$$C_1 y_1 + C_2 y_2,$$

et, par suite, ne pourra vérifier l'équation (2). Ce qui est absurde d'après le calcul qui précède.

Ainsi on ne peut supposer que l'équation (1) admette une solution où $\varpi_n(r)$ soit différent de 0 : ce que nous voulions démontrer.

On déduit immédiatement de ce théorème que l'équation

$$(5) \quad \varpi_n(r) = \frac{1}{2n+1}\left[\int_\alpha^r \frac{r'^n}{r^{n+1}} f(r')\varpi_n(r')\,dr' + \int_r^b \frac{r^n}{r'^{n+1}} f(r')\varpi_n(r')dr'\right] + F(r)$$

ne peut admettre qu'une solution unique sans constante arbitraire. Car si y_2 et y_1 vérifient cette équation, $y_2 - y_1$ vérifie l'équation (1), et par conséquent est nul.

Avant de commencer les calculs, je ferai une restriction. Je ne chercherai, parmi les figures d'équilibre, que celles qui sont sphéroïdales, et voici le sens précis que je donne à cette hypothèse.

Le fluide ayant actuellement une figure d'équilibre avec sa vitesse angulaire ω, supposons que ω diminue d'une manière continue, et tende vers o; il prendra successivement une série de figures d'équilibre variant par degrés insensibles, et qui tendront vers une limite. Je suppose que cette limite corresponde à la distribution du fluide en couches sphériques homogènes (ce qui évidemment convient à l'équilibre).

D'après cette hypothèse, voici comment je développerai la solution. Je prendrai d'abord le fluide sous sa figure limite correspondante à $\omega = o$, et je chercherai comment varient dans son intérieur les quantités V, U, ρ, p. Puis je supposerai que la masse prenne un mouvement de rotation graduellement croissant. Les couches de niveau sphériques se déformeront; la densité, la pression changeront en chaque point. Je chercherai à exprimer ces variations de V, U, ρ, p, suivant les puissances croissantes de la vitesse angulaire ω.

Je suppose la vitesse angulaire nulle, et le fluide distribué en couches sphériques homogènes. Les équations d'équilibre (1) deviennent

$$V = \iiint \frac{dm'}{r}, \quad U = f V, \quad 'p = F(U), \quad \rho = F'(U).$$

Il y a une fonction qui reste arbitraire. Je prendrai pour cette fonction celle qui exprime la variation de la densité ρ avec le rayon r. Ainsi je suppose qu'on donne $\rho = \varphi(R)$(*).

Je prends pour origine le centre de gravité de la masse, qui est le centre commun de toutes les surfaces de niveau sphériques. On sait que l'action d'une couche sphérique homogène sur un point extérieur est la même que si sa masse était réunie au centre de gravité, et que cette action est nulle sur un point intérieur. Donc pour une molécule dm de la masse fluide, située sur la couche de niveau de rayon R, l'attraction de toute la masse dirigée

---

(*) Cette fonction est cependant assujettie à une condition, c'est que la densité aille toujours en croissant vers le centre; c'est-à-dire que $\varphi'(R) = \dfrac{d\rho}{dR}$ soit toujours négatif. Sans quoi l'équilibre serait évidemment instable.

3 .

suivant le rayon aura pour expression

$$- dm f \frac{d V}{d R} = f \frac{dm}{R^2} \int_0^R \rho' \, 4 \, \pi \, R'^2 \, dR' \, ;$$

donc

$$\frac{d V}{d R} = - \frac{1}{R^2} \int_0^R \rho' \, 4 \, \pi \, R'^2 \, d R' \, ;$$

et comme $V = \iiint \frac{dm'}{r}$ doit évidemment devenir nul pour $R = \infty$, on aura

$$V = V_R - V_\infty = - \int_R^\infty d V = \int_R^\infty \frac{d R}{R^2} \int_0^R \rho' \, 4 \, \pi \, R'^2 \, dR'.$$

On peut ramener cette intégrale double à une somme de deux intégrales simples. En effet

$$V = \int_R^\infty - d \frac{1}{R} \int_0^R \rho' \, . \, 4 \, \pi \, R'^2 \, . \, dR' = \left[- \frac{1}{R} \int_0^R \rho' \, . \, 4 \, \pi \, R'^2 \, dR' \right]_R^\infty$$

$$+ \int_R^\infty \frac{1}{R} \, . \, \rho \, . \, 4 \, \pi \, R^2 \, dR.$$

Or la partie entre parenthèses s'annule pour $R = \infty$, car $\int_0^\infty \rho' 4 \pi R'^2 dR'$ est la masse totale du fluide qui est finie.

On a donc

$$V = \frac{1}{R} \int_0^R \rho' \, . \, 4 \, \pi \, R'^2 \, dR' + \int_R^\infty \rho' \, . \, 4 \, \pi \, R' \, dR'.$$

Voici la valeur de V pour tous les points de la masse et même pour les points extérieurs (ce qu'il est facile de vérifier). On a, par suite,

$$U = f V.$$

Du reste, la densité ρ est donnée en fonction du rayon $\rho = \varphi (R)$. Et pour la pression, on aura

$$dp = \rho \, . \, dU = f \rho \, dV.$$

La pression du fluide doit être nulle à sa surface libre. Soit a le rayon de cette surface, on aura donc

$$P = P_R - P_a = - \int_R^a dp = f \int_R^a - \rho \, dV.$$

D'ailleurs pour toutes les valeurs de R plus grandes que a, ρ est nul ; on peut donc étendre l'intégrale précédente jusqu'à l'infini, et écrire

$$p = f \int_{R}^{\infty} - \rho \, dV = f \int_{R}^{\infty} \frac{\rho \, dR}{R^2} \int_{0}^{R} \rho' . 4 \pi R'^2 \, dR'.$$

Telle est la solution complète pour $\omega = 0$.

———•◦•———

Supposons que le fluide prenne un mouvement de rotation graduellement croissant, et qu'il arrive à une figure d'équilibre avec la vitesse angulaire ω. Les fonctions que nous voulons déterminer p, ρ, U, V, sont liées par les équations

$$(1) \quad V = \int\int\int \frac{dm'}{r}, \quad U = \frac{\omega^2}{2}(x^2 + y^2) + fV, \quad p = F(U), \quad \rho = F'(U).$$

Rapportons la masse fluide à un système de coordonnées polaires; l'axe polaire étant l'axe de révolution, notre axe des z actuel, et le pôle étant le centre de gravité (ce qui est bien permis, puisque nous avons déjà vu que le centre de gravité de la masse fluide doit se trouver sur son axe de rotation).

Les coordonnées du point x, y, z seront actuellement r, μ et ψ. Et la distance r des deux points x, y, z, et x', y', z', aura pour expression

$$\sqrt{r'^2 + r^2 - 2\,r\,r'\left[\mu\,\mu' + \sqrt{1 - \mu^2}\,\sqrt{1 - \mu'^2}\,\cos(\psi - \psi')\right]}.$$

L'élément de masse sera

$$dm' = \rho'\,r'^2\,dr'\,d\mu'\,d\psi'.$$

Donc

$$V = \int_{0}^{\infty} \int_{-1}^{+1} \int_{0}^{2\pi} \frac{\rho'\,r'^2\,dr'\,d\mu'\,d\psi'}{\sqrt{r'^2 + r^2 - 2\,r\,r'\left[\mu\,\mu' + \sqrt{1 - \mu^2}\,\sqrt{1 - \mu'^2}\,\cos(\psi - \psi')\right]}}.$$

(J'étends l'intégrale par rapport à r jusqu'à ∞, en convenant que $\rho = 0$ pour tous les points extérieurs au fluide.)

Je décompose l'intégrale par rapport à r' en deux; l'une de 0 à r, l'autre de r à ∞.

Pour la première partie $r' < r$, $\dfrac{r'}{r} < 1$. Donc

$$\frac{1}{r}\left[1 + \frac{r'^2}{r^2} - 2\frac{r'}{r}p\right]^{-\frac{1}{2}} = \frac{1}{r}\left[P_0 + P_1 \frac{r'}{r} + P_2 \frac{r'^2}{r^2} + \ldots + P_n \frac{r'^n}{r^n} + \ldots\right],$$

développement convergent où $p = \mu\,\mu' + \sqrt{1 - \mu^2}\,\sqrt{1 - \mu'^2}\,\cos(\psi - \psi')$.

Pour la deuxième partie $r' > r$, $\frac{r}{r'} < 1$. On aura

$$\frac{1}{r'}\left[1 + \frac{r^2}{r'^2} - 2\frac{r}{r'}p\right]^{-\frac{1}{2}} = \frac{1}{r'}\left[P_0 + P_1\frac{r}{r'} + P_2\frac{r^2}{r'^2} + \ldots + P_n\frac{r^n}{r'^n} + \ldots\right].$$

En définitive, la valeur de V peut s'écrire

$$V = \int_0^r \int_{-1}^{+1} \int_0^{2\pi} \rho'\,r'^2\,dr'\,d\mu'\,d\psi' \cdot \frac{1}{r}\left[P_0 + P_1\frac{r'}{r} + P_2\frac{r'^2}{r^2} + \ldots + P_n\frac{r'^n}{r^n} + \ldots\right]$$

$$+ \int_r^\infty \int_{-1}^{+1} \int_0^{2\pi} \rho'\,r'^2\,dr'\,d\mu'\,d\psi' \cdot \frac{1}{r'}\left[P_0 + P_1\frac{r}{r'} + P_2\frac{r^2}{r'^2} + \ldots + P_n\frac{r^n}{r'^n} + \ldots\right]$$

Supposons ρ développé par le théorème II en une série

$$\rho = \eth_0 + \eth_1 + \eth_2 + \ldots + \eth_n \ldots$$

On aura, en général,

$$\int_{-1}^{+1} \int_0^{2\pi} P_n\,\rho'\,d\mu'\,d\psi' = \frac{4\pi}{2n+1}\,\eth_n.$$

Au moyen de cette relation, on peut dans l'équation précédente faire les intégrations par rapport à μ' et ψ', et il vient ainsi

$$V = \sum_0^\infty \frac{4\pi}{2n+1}\left(\int_0^r \eth_n\,\frac{r'^{n+2}}{r^{n+1}}\,dr' + \int_r^\infty \eth_n\,\frac{r^n}{r'^{n-1}}\,dr'\right).$$

Supposons V développé aussi en série par le théorème II

$$V = v_0 + v_1 + v_2 + \ldots + v_n + \ldots$$

On a

$$v_m = \frac{2m+1}{4\pi}\int_{-1}^{+1}\int_0^{2\pi} P_m\,V'\,d\mu'\,d\psi'.$$

Si on substitue ici la valeur de V', et si on change l'ordre des intégrations (ce qui ne change pas les limites puisqu'elles sont constantes), on pourra écrire

$$v_m = \sum_0^\infty \frac{2m+1}{2n+1}\left(\int_0^r d'_n\,\frac{r'^{n+2}}{r^{n+1}}\,dr' + \int_r^\infty d'_n\,\frac{r^n}{r'^{n-1}}\,dr'\right),$$

d'_n représentant $\displaystyle\int_{-1}^{+1}\int_0^{2\pi} P_m\,\eth_n\,d\mu'\,d\psi'$.

Or, en vertu du théorème III, pour toute valeur de n différente de m, l'expression précédente est nulle, et pour $n = m$, on a

$$\int_{-1}^{+1} \int_{0}^{2\pi} P_m \eth'_m \, d\mu' \, d\psi' = \frac{4\pi}{2m+1} \eth'_m.$$

Donc la valeur de v_m se réduit à

$$(2) \qquad v_m = \frac{4\pi}{2m+1} \left(\int_0^r \eth'_m \frac{r'^{m+2}}{r^{m+1}} \, dr' + \int_r^\infty \eth'_m \frac{r^m}{r'^{m-1}} \, dr' \right).$$

Passons à U, que nous supposerons aussi développé par le théorème II,

$$U = u_0 + u_1 + u_2 + \ldots + u_m + \ldots$$

On a

$$U = \frac{\omega^2}{2}(x^2 + y^2) + f\,V = \frac{\omega^2}{2} r^2 (1 - \mu^2) + f\,V.$$

Or, prenons P_2 ; sa valeur est (théorème I)

$$P_2 = \frac{1}{1.2.2^2} \frac{d^2[(p^2-1)^2]}{dp^2} = \frac{1}{8} \frac{d^2}{dp^2}(p^4 - 2p^2 + 1) = \frac{1}{8}(4.3.p^2 - 2.2.1) = \frac{3p^2-1}{2}.$$

Remplaçons p par sa valeur

$$\mu\mu' + \sqrt{1 - \mu^2}\,\sqrt{1 - \mu'^2}\,\cos(\psi - \psi'),$$

puis faisons $\mu' = 1$. Il vient

$$Q_1 = (P_2)_{\mu'=1} = \frac{3\mu^2-1}{2}.$$

Donc

$$\frac{\omega^2}{2} r^2 (1 - \mu^2) = \frac{\omega^2}{3} r^2 (1 - Q_1),$$

$\frac{\omega^2}{3} r^2$ est une fonction U_0, $\frac{\omega^2}{3} r^2 \, Q_1$ est une fonction U_2.

Substituons dans l'équation entre U et V, et rappelons-nous qu'une fonction n'admet qu'un seul développement $U_0 + U_1 + U_2 + \ldots + U_n + \ldots$

Nous verrons que cette équation entraîne les égalités suivantes :

$$(3) \quad \begin{cases} u_0 = \dfrac{\omega^2}{3} r^2 + f v_0, \quad u_1 = f v_1, \quad u_2 = -\dfrac{\omega^2}{3} r^2 Q_1 + f v_2, \\ u_3 = f v_3, \quad u_4 = f v_4, \ldots, \quad u_n = f v_n \ldots \end{cases}$$

Voici V et U développés en fonction de ρ au moyen des équations (2) et (3), il reste à substituer la valeur de U dans l'équation

$$\rho = F'(U).$$

Et on aura une équation en ρ, d'où il faudra tirer ρ. Une fois qu'on aura satisfait à cette égalité, on aura facilement p par l'équation

$$p = F(U),$$

et le problème sera résolu.

Je développe la valeur de ρ suivant les puissances croissantes de ω. Ce développement ne contiendra que les puissances entières et paires de ω. On peut dire, pour le montrer, que si ω change de signe en conservant la même valeur absolue, la même figure convient encore à l'équilibre, et par suite la valeur de ρ ne doit pas changer, ce qui exige que ρ ne contienne que des puissances entières et paires de ω.

Et d'ailleurs, si l'on n'admet pas cette preuve, on peut, dans le développement de ρ, mettre les puissances impaires et même fractionnaires de ω. Les calculs se font identiquement de la même manière, et les raisonnements qui suivent, montrent que les coefficients de ces termes sont nuls. Je ne le fais pas, pour ne pas surcharger les calculs.

Soit donc le développement de ρ suivant les puissances croissantes de ω

$$\rho = D_0 + \omega^2 D_1 + \omega^4 D_2 + \ldots + \omega^{2m} D_m + \ldots$$

On aura en général

$$\eth_n = \frac{2n+1}{4\pi} \int_{-1}^{+1} \int_0^{2\pi} P_n \rho' \, d\mu' \, d\psi' = \sum_0^\infty \omega^{2m} \frac{2n+1}{4\pi} \int_{-1}^{+1} \int_0^{2\pi} P_n D'_m \, d\mu' \, d\psi',$$

ou

$$\eth_n = \Delta_n^0 + \omega^2 \Delta_n^1 + \omega^4 \Delta_n^2 + \ldots + \omega^{2m} \Delta_n^m + \ldots$$

Et la valeur de $\Delta_n^{'m}$ est

$$\Delta_n^m = \frac{2n+1}{4\pi} \int_{-1}^{+1} \int_0^{2\pi} P_n D_m' \, d\mu' \, d\psi',$$

ce qui prouve que Δ_n^m est une fonction U_n.

Substituons dans les équations (2) et (3) ces valeurs de $\delta_0, \delta_1, \delta_2, \ldots, \delta_n \ldots$, V et U seront développés comme ρ en série double suivant les puissances de ω, et suivant les fonctions $U_0 + U_1 + U_2 + \ldots + U_n + \ldots$. Nous trouverons en général pour u_n une valeur telle que

$$u_n = \Upsilon_n^0 + \omega^2 \Upsilon_n^1 + \omega^4 \Upsilon_n^2 + \ldots + \omega^{2m} \Upsilon_n^m + \ldots$$

Et les équations (2) et (3) nous donneront, entre les termes correspondants des séries qui expriment ρ et U, la relation suivante :

$$(4) \quad \begin{cases} \Upsilon_n^m = \dfrac{4\pi f}{2n+1} \left(\displaystyle\int_0^r \Delta_n^{'m} \frac{r'^{n+2}}{r^{n+1}} \, dr' + \int_r^\infty \Delta_n^{'m} \frac{r^n}{r'^{n-1}} \, dr' \right), \\[4mm] \text{excepté dans les deux cas :} \\[2mm] \Upsilon_0^1 = \dfrac{r^2}{3} + \dfrac{4\pi f}{1} \left(\displaystyle\int_0^r \Delta_0^{'1} \frac{r'^3}{r} \, dr' + \int_r^\infty \Delta_0^{'1} r' \, dr' \right), \\[4mm] \Upsilon_2^1 = -\dfrac{r^2}{3} Q_1 + \dfrac{4\pi f}{5} \left(\displaystyle\int_0^r \Delta_2^{'1} \frac{r'^4}{r^3} \, dr' + \int_r^\infty \Delta_2^{'1} \frac{r^2}{r'} \, dr' \right). \end{cases}$$

La fonction F', qui exprime la loi qui lie les densités à la fonction U, peut varier aussi avec la vitesse angulaire. Je développerai la fonction F (U) suivant les puissances croissantes de ω; et les mêmes raisons que j'ai déjà données pour ρ me feront ne conserver dans la série que les puissances entières et paires de ω.

J'aurai ainsi

$$F(U) = F_0(U) + \omega^2 F_1(U) + \omega^4 F_2(U) + \ldots + \omega^{2m} F_m(U) + \ldots$$

Il faut substituer tous ces développements dans l'équation

$$\rho = F'(U),$$

et voir ce qu'elle devient.

4

Pour simplifier ces calculs, dans lesquels l'embarras vient surtout de la prolixité des écritures, je poserai en général

$$U_n = \Upsilon_0^m + \Upsilon_1^m + \Upsilon_2^m + \ldots + \Upsilon_n^m + \ldots,$$

de sorte que l'on a

$$U = u_0 + u_1 + u_2 + \ldots + u_n + \ldots = U_0 + \omega^2 U_1 + \omega^4 U_2 + \ldots$$
$$\ldots + \omega^{2m} U_m + \ldots = U_0 + U',$$

U' étant la variation qu'éprouve U_0 par suite du mouvement de rotation du fluide.

Pour ρ, nous avons déjà, d'après les notations précédentes,

$$\rho = \delta_0 + \delta_1 + \delta_2 + \ldots + \delta_n + \ldots = D_0 + \omega^2 D_1 + \omega^4 D_2 + \ldots + \omega^{2m} D_m + \ldots$$

Et la valeur générale de D_m est

$$D_m = \Delta_0^m + \Delta_1^m + \Delta_2^m + \ldots + \Delta_n^m + \ldots$$

Substituons enfin dans l'équation

$$\rho = F'(U),$$

il vient

$$D_0 + \omega^2 D_1 + \omega^4 D_2 + \ldots + \omega^{2m} D_m + \ldots$$
$$= F'_0(U_0 + U') + \omega^2 F'_1(U_0 + U') + \omega^4 F'_2(U_0 + U') + \ldots + \omega^{2m} F'_m(U_0 + U') + \ldots$$
$$= F'_0(U_0) + \frac{U'}{1} F''_0(U_0) + \frac{U'^2}{1 \cdot 2} F'''_0(U_0) + \ldots + \frac{U'^m}{1 \cdot 2 \cdot 3 \ldots m} F_0^{m+1}(U_0) + \ldots$$
$$+ \omega^2 F'_1(U_0) + \omega^2 \frac{U'}{1} F''_1(U_0) + \ldots + \omega^2 \frac{U'^{m-1}}{1 \cdot 2 \ldots (m-1)} F_1^m(U_0) + \ldots$$
$$+ \omega^4 F'_2(U_0) + \ldots + \omega^4 \frac{U'^{m-2}}{1 \cdot 2 \ldots (m-2)} F_2^{m-1}(U_0) + \ldots$$
$$+ \ldots + \ldots\ldots\ldots\ldots\ldots\ldots\ldots$$
$$+ \ldots\ldots\ldots\ldots\ldots\ldots\ldots\ldots$$
$$+ \omega^{2m} F'_m(U_0) + \ldots\ldots\ldots\ldots$$
$$+ \ldots\ldots\ldots\ldots\ldots$$
$$+ \ldots\ldots\ldots\ldots$$

Remplaçons U′ par sa valeur développée suivant les puissances de ω

$$U' = \omega^2 U_1 + \omega^4 U_2 + \ldots + \omega^{2m} U_m + \ldots,$$

et égalons les coefficients des mêmes puissances de ω dans les deux membres. Il nous viendra des égalités dont je vais écrire les premières :

$$(5)\quad\begin{cases} D_0 = F'_0(U_0), \\ D_1 = U_1 F''_0(U_0) + F'_1(U_0), \\ D_2 = U_2 F'_0(U_0) + \dfrac{(U_1)^2}{1.2} F'''_0(U_0) + \dfrac{U_1}{1} F''_1(U_0) + F'_2(U_0). \\ \quad\cdot\quad\cdot\quad\cdot\quad\cdot\quad\cdot\quad\cdot\quad\cdot\quad\cdot \\ \quad\cdot\quad\cdot\quad\cdot\quad\cdot\quad\cdot\quad\cdot\quad\cdot\quad\cdot \end{cases}$$

Nous allons prendre successivement chacune de ces équations.

Dans la première équation (5), D_0 est la fonction à laquelle se réduit

$$\rho = D_0 + \omega^2 D_1 + \omega^4 D^2 + \ldots + \omega^{2m} D_m + \ldots,$$

lorsque l'on fait $\omega = 0$.

Donc, d'après nos hypothèses, on a

$$D_0 = \varphi(r),$$

et le développement de D_0 en série :

$$D_0 = \Delta^0_0 + \Delta^0_1 + \Delta^0_2 + \ldots + \Delta^0_n \ldots$$

doit s'arrêter au premier terme.

Ainsi

$$\Delta^0_0 = \varphi(r), \quad \Delta^0_1 = 0, \quad \Delta^0_2 = 0 \ldots, \quad \Delta^0_n = 0 \ldots.$$

Alors prenons les équations (4) pour $m = 0$. Il viendra

$$\Upsilon^0_0 = 4\pi f\left(\int_0^r \Delta'^0_0 \frac{r'^2}{r}\, dr' + \int_r^\infty \Delta'^0_0 r'\, dr' \right),$$

$$\Upsilon^0_1 = 0, \quad \Upsilon^0_2 = 0, \ldots, \quad \Upsilon^0_n = 0, \ldots.$$

Donc, dans ce cas, la valeur de U, qui se réduit à

$$U_0 = \Upsilon^0_0 + \Upsilon^0_1 + \Upsilon^0_2 + \ldots + \Upsilon^0_n \ldots,$$

4.

est

$$U_0 = 4\pi f\left(\int_0^r \varphi(r') \frac{r'^2}{r}\, dr' + \int_r^\infty \varphi(r') r'\, dr' \right),$$

valeur identique à celle que nous avons obtenue en traitant directement le cas de $\omega = 0$.

Ayant ainsi en r les valeurs de D_0 et de U_0, nous déduirons de la première équation (5),

$$D_0 = F'_0(U_0),$$

la forme de la fonction F_0. Je supposerai cette fonction connue dans les calculs suivants.

———————

Arrivons à la deuxième équation (5),

$$D_1 = U_1 F''_0(U_0) + F'_1(U_0).$$

Remplaçons D_1 et U_1 par leurs développements. Il vient

$$\Delta_0^1 + \Delta_1^1 + \Delta_2^1 + \Delta_3^1 + \ldots + \Delta_n^1 + \ldots$$
$$= F''_0(U_0)[\Upsilon_0^1 + \Upsilon_1^1 + \Upsilon_2^1 + \Upsilon_3^1 + \ldots + \Upsilon_n^1 + \ldots] + F'_1(U_0).$$

$F''_0(U_0)$ et $F'_1(U_0)$ sont des fonctions de r seulement. Donc l'équation précédente entraîne les suivantes :

$$\Delta_0^1 = \Upsilon_0^1 F''_0(U_0) + F'_1(U_0); \quad \Delta_1^1 = \Upsilon_1^1 F''_0(U_0); \quad \Delta_2^1 = \Upsilon_2^1 F''_0(U_0);$$
$$\Delta_3^1 = \Upsilon_3^1 F''_0(U_0); \ldots \ldots \ldots \quad \Delta_n^1 = \Upsilon_n^1 F''_0(U_0); \quad \ldots \ldots \ldots \ldots$$

Prenons maintenant les équations (4) pour $m = 1$, nous aurons en général

$$\Upsilon_n^1 = \frac{4\pi f}{2n+1}\left[\int_0^r \Upsilon_n'^1 F''_0(U'_0) \frac{r'^{n+1}}{r^{n+1}}\, dr' + \int_r^\infty \Upsilon_n'^1 F''_0(U'_0) \frac{r^n}{r'^{n-1}}\, dr' \right].$$

Il y a deux cas d'exception : $n = 0$ et $n = 2$,

$$\Upsilon_0^1 = \frac{4\pi f}{1}\left[\int_0^r \Upsilon_0'^1 F''_0(U'_0) \frac{r'^2}{r}\, dr' + \int_r^\infty \Upsilon_0'^1 F''_0(U'_0) r'\, dr' \right]$$
$$+ \frac{r^2}{3} + \frac{4\pi f}{1}\left[\int_0^r F'_1(U'_0) \frac{r'^2}{r}\, dr' + \int_r^\infty F'_1(U'_0) r'\, dr' \right].$$
$$\Upsilon_2^1 = \frac{4\pi f}{5}\left[\int_0^r \Upsilon_2'^1 F''_0(U'_0) \frac{r'^4}{r^3}\, dr' + \int_r^\infty \Upsilon_2'^1 F''_0(U'_0) \frac{r^2}{r'}\, dr' \right] - \frac{r^2}{3}Q_1.$$

Représentons par $f(r')$ la fonction

$$f(r') = 4\pi f r'^2 \mathrm{F}''_0(\mathrm{U}'_0),$$

l'équation à laquelle satisfait Υ^1_n rentrera dans l'équation (1) du théorème V, en y faisant $\alpha = 0$, $\beta = \infty$. Donc de cette équation on conclut, d'après le théorème V,

$$\Upsilon^1_n = 0.$$

Il n'y a d'exception que pour Υ^1_0 et Υ^1_2.

Je pose

$$\Upsilon^1_0 = \mathrm{Z}^1_0 \quad \text{et} \quad \Upsilon^1_2 = \mathrm{Q}_1 \mathrm{Z}^1_1.$$

Les équations en Z^1_0 et Z^1_1 sont :

$$\mathrm{Z}^1_0 = \frac{4\pi f}{1}\left[\int_0^r \mathrm{Z}^1_0 \mathrm{F}''_0(\mathrm{U}'^2_0)\frac{r'^2}{r}\,dr' + \int_r^\infty \mathrm{Z}^1_0 \mathrm{F}''_0(\mathrm{U}'_0)r'\,dr' \right]$$

$$+ \frac{r'}{3} + \frac{4\pi f}{1}\left[\int_0^r \mathrm{F}_1(\mathrm{U}'_0)\frac{r'^2}{r}\,dr' + \int_r^\infty \mathrm{F}_1(\mathrm{U}'_0)r'\,dr' \right],$$

$$\mathrm{Z}^1_1 = \frac{4\pi f}{5}\left[\int_0^r \mathrm{Z}^1_1 \mathrm{F}''_0(\mathrm{U}'_0)\frac{r'^4}{r^3}\,dr' + \int_r^\infty \mathrm{Z}^1_1 \mathrm{F}''_0(\mathrm{U}'_0)\frac{r'^2}{r}\,dr' \right] - \frac{r^2}{3}.$$

Ce sont des équations en r seulement, que l'on ramènera à l'équation (5) du théorème V, en posant

$$f(r') = 4\pi f r'^2 \mathrm{F}''_0(\mathrm{U}'_0), \quad \alpha = 0, \quad \beta = \infty.$$

Ces équations donneront donc pour Z^1_0 et Z^1_1 des fonctions de r complètement déterminées sans constantes arbitraires (théorème V).

Ainsi nous avons la valeur de U_1, et par suite celle de D_1.

—•—

Passons à la troisième équation (5) :

$$\mathrm{D}_2 = \mathrm{U}_2 \mathrm{F}'_0(\mathrm{U}_0) + \frac{(\mathrm{U}_1)^2}{1 \cdot 2}\mathrm{F}''_0(\mathrm{U}_0) + \frac{\mathrm{U}_1}{1}\mathrm{F}''_1(\mathrm{U}_0) + \mathrm{F}'_2(\mathrm{U}_0).$$

Remplaçons U_1 par sa valeur $\mathrm{Z}^1_0 + \mathrm{Q}_1 \mathrm{Z}^1_1$:

$$\mathrm{D}_2 = \mathrm{U}_2 \mathrm{F}'_0(\mathrm{U}_0) + \frac{\mathrm{F}''_0(\mathrm{U}_0)}{1 \cdot 2}\left[(\mathrm{Z}^1_1)^2(\mathrm{Q}_1)^2 + 2\mathrm{Z}^0_1 \mathrm{Z}^1_1 \mathrm{Q}_1 + (\mathrm{Z}^1_0)^2\right]$$

$$+ \frac{\mathrm{F}''_1(\mathrm{U}_0)}{1}\left[\mathrm{Z}^1_1 \mathrm{Q}_1 + \mathrm{Z}^1_0\right] + \mathrm{F}'_2(\mathrm{U}_0).$$

Il faut d'abord développer le second membre suivant la série des fonctions du théorème II. Je calcule la valeur générale de P_4 :

$$P_4 = \frac{1}{1.2.3.4.2^4} \frac{d^4[(p^2-1)^4]}{dp^4} = \frac{1}{1.2.3.4.2^4} \frac{d^4}{dp^4}[p^8 - 4p^6 + 6p^4 - 4p^2 + 1]$$

$$= \frac{1}{1.2.3.4.2^4}[8.7.6.5\,p^4 - 4.6.5.4.3\,p^2 + 6.4.3.2.1] = \frac{1}{8}[35p^4 - 30p^2 + 3].$$

Représentons par Q_2 la valeur de P_4 pour $\mu' = 1$. Alors

$$p = \mu\mu' + \sqrt{1-\mu^2}\,\sqrt{1-\mu'^2}\cos(\psi - \psi')$$

se réduit à μ. Donc

$$Q_2 = \frac{1}{1.2.3.4.2^4} \frac{d^4[(\mu^2-1)^4]}{d\mu^4} = \frac{1}{8}[35\mu^4 - 30\mu^2 + 3].$$

Développant $(Q_1)^2$, on aura

$$(Q_1)^2 = \left(\frac{3\mu^2-1}{2}\right)^2 = \frac{9}{4}\mu^4 - \frac{6}{4}\mu^2 + \frac{1}{4} = \frac{18}{35}Q_2 + \frac{2}{7}Q_1 + \frac{1}{5}.$$

Remplaçons $(Q_1)^2$ par cette expression dans l'équation qui donne D_2; substituons à D_2 et U_2 leurs valeurs

$$D_2 = \Delta_0^2 + \Delta_1^2 + \Delta_2^2 + \ldots + \Delta_n^2 + \ldots,$$

$$U_2 = \Upsilon_0^2 + \Upsilon_1^2 + \Upsilon_2^2 + \ldots + \Upsilon_n^2 + \ldots,$$

puis égalons les termes correspondants des deux membres maintenant développés, ce qui est permis (théorème II).

Nous aurons

$$\Delta_n^2 = \Upsilon_n^2 F_0''(U_0),$$

excepté pour $n = 0$, $n = 2$, $n = 4$.

$$\Delta_0^2 = \Upsilon_0^2 F_0''(U_0) + \frac{F_0'''(U_0)}{1.2}\left[\frac{1}{5}(Z_1^1)^2 + (Z_1^4)^2\right] + \frac{F_1''(U_0)}{1}Z_0^1 + F_2(U_0),$$

$$\Delta_2^2 = \Upsilon_2^2 F_0''(U_0) + Q_1\left\{\frac{F_0'''(U_0)}{1.2}\left[\frac{2}{7}(Z_1^1)^2 + 2Z_0^1 Z_1^1\right] + \frac{F_1''(U_0)}{1}Z_1^1\right\},$$

$$\Delta_4^2 = \Upsilon_4^2 F_0''(U_0) + Q_2\frac{F_0'''(U_0)}{1.2} \cdot \frac{18}{35}(Z_1^1)^2.$$

Les équations (4), pour $m = 2$, donnent :

$$\Upsilon_n^2 = \frac{4\pi f}{2n+1}\left(\int_0^r \Delta_n'^2 \frac{r'^{n+2}}{r^{n+1}}\, dr' + \int_r^\infty \Delta_n'^2 \frac{r^n}{r'^{n-1}}\, dr' \right).$$

De ces équations, combinées aux précédentes, on conclura, identiquement comme dans le paragraphe précédent, que l'on a

$$\Upsilon_n^2 = 0,$$

excepté pour $n = 0$, $n = 2$, $n = 4$.

Et si on pose

$$\Upsilon_0^2 = Z_0^2, \quad \Upsilon_2^2 = Q_1 Z_1^2, \quad \Upsilon_4^2 = Q^2 Z_2^2,$$

Z_0^2, Z_1^2, Z_2^2 seront des fonctions de r seulement, complétement déterminées, sans constante arbitraire, et satisfaisant aux équations :

$$
\begin{aligned}
Z_0^2 &= \frac{4\pi f}{1}\left[\int_0^r Z_0'^2 F_0''(U_0') \frac{r'^2}{r}\, dr' + \int_r^\infty Z_0'^2 F_0''(U_0') r'\, dr' \right] \\
&\quad + \frac{4\pi f}{1}\left[\int_0^r \varphi_0(r') \frac{r'^2}{r}\, dr' + \int_r^\infty \varphi_0(r') r'\, dr' \right], \\[4pt]
\text{et}\quad \varphi_0(r) &= \frac{F_0'''(U_0)}{1\cdot 2}\left[\frac{1}{5}(Z_1^1)^2 + (Z_0^1)^2 \right] + \frac{F_1''(U_0)}{1} Z_0^1 + F_2'(U_0). \\[8pt]
Z_1^2 &= \frac{4\pi f}{5}\left[\int_0^r Z_1'^2 F_0''(U_0') \frac{r'^4}{r^3}\, dr' + \int_r^\infty Z_1'^1 F_0''(U_0') \frac{r^2}{r'^7}\, dr' \right] \\
&\quad + \frac{4\pi f}{5}\left[\int_0^r \varphi_1(r') \frac{r'^4}{r^3}\, dr' + \int_r^\infty \varphi_1(r') \frac{r^2}{r'^7}\, dr', \right. \\[4pt]
\text{et}\quad \varphi_1(r) &= \frac{F_0''(U_0)}{1\cdot 2}\left[\frac{2}{7}(Z_1^1)^2 + 2 Z_0^1 Z_1^1 \right] + \frac{F_1''(U_0)}{1} Z_2^1. \\[8pt]
Z_2^2 &= \frac{4\pi f}{9}\left[\int_0^r Z_2'^2 F_0''(U_0') \frac{r'^6}{r^5}\, dr' + \int_r^\infty Z_2'^2 F_0''(U_0') \frac{r^4}{r'^{13}}\, dr' \right] \\
&\quad + \frac{4\pi f}{9}\left[\int_0^r \frac{18}{35}(Z_1')^2 \frac{F_0''(U_0')}{1\cdot 2}\frac{r'^6}{r^5}\, dr' + \int_r^\infty \frac{18}{35}(Z_1')^2 \frac{F_0'''(U_0')}{1\cdot 2}\frac{r^4}{r'^{13}}\, dr' \right].
\end{aligned}
$$

On peut facilement généraliser le résultat précédent par la méthode de démonstration de proche en proche.

Je veux prouver que l'on a

$$(6) \qquad U_m = Z_0^m + Z_1^m Q_1 + Z_2^m Q_2 + \ldots + Z_m^m Q_m.$$

Z_0^m, Z_1^m, Z_2^m, …, Z_m^m, représentant des fonctions de r seulement, et Q_m ayant pour valeur

$$(7) \qquad Q_m = \frac{d^{2m} (\mu^2 - 1)^{2n}}{d\mu^{2m}} \cdot \frac{1}{1.2.3…2\,m.2^{2m}}.$$

Je vais supposer la proposition vraie pour U_1, U_2, …, U_{m-1}, et montrer qu'alors elle est vraie pour U_m.

Je prends la $(m+1)^{ième}$ équation (5), celle que l'on obtient en égalant les termes en ω^{2m} de l'équation $\rho = F'(U)$ développée :

$$(5)_{m+1} \qquad D_m = U_m F_0''(U_0) + \ldots .$$

U_m n'entre dans aucun autre terme du second membre, et un quelconque de ces autres termes a une expression de la forme

$$A\,(U_p)^\alpha (U_q)^\beta \ldots (U_s)^\delta F_n^k(U_0),$$

A étant un coefficient constant, et les indices p, q, s, n satisfaisant à la relation

$$p\alpha + q\beta + \ldots + s\delta + n = m.$$

[Pour voir cette relation, il suffit de remarquer qu'un facteur U_n ou $F_n^k(U_0)$ est toujours accompagné de ω^{2n}, et que ω n'entre pas autrement dans le développement de $F'(U)$.]

Dès lors, quand nous substituerons dans ces autres termes les valeurs de U_1, U_2, …, U_{m-1}, comme d'après les équations (6) et (7) U_n est une fonction de μ paire et de degré $2\,n$, le terme du développement que nous avons considéré sera une fonction de μ paire et de degré

$$2p\alpha + 2q\beta + \ldots + 2s\delta = 2(m - n),$$

et il pourra être identifié à une expression

$$B_0 + B_1 Q_1 + B_2 Q_2 + \ldots + B_{m-n} Q_{m-n}.$$

Faisons de même pour tous les termes du second membre, remplaçons D_m et U_m par leurs développements, et l'équation deviendra

$$(5)_{m+1} \quad \Delta_0^m + \Delta_1^m + \Delta_2^m + \ldots + \Delta_n^m + \ldots = F''_0(U_0)[\Upsilon_0^m + \Upsilon_1^m + \Upsilon_2^m + \ldots + \Upsilon_n^m + \ldots]$$
$$+ \psi_0(r) + Q_1\,\psi_1(r) + Q_2\,\psi_2(r) + \ldots + Q_m\,\psi_m(r).$$

Q_n est une fonction de l'espèce de U_{2n} (théorème II), puisque c'est la valeur de P_{2n} pour $\mu' = 1$. On voit donc que de l'équation précédente nous conclurons (théorème II)

$$\Delta_n^m = F''_0(U_0) \cdot \Upsilon_n^m,$$

excepté pour les valeurs de l'indice n

$$n = 0, 2, 4, \ldots, 2\,m,$$

pour lesquelles on aura

$$\Delta_{2p}^m = F''_0(U_0)\,\Upsilon_{2p}^m + Q_p\,\psi_p(r).$$

D'ailleurs les équations (4) nous donnent

$$(4) \qquad \Upsilon_n^m = \frac{4\pi f}{2n+1}\left(\int_0^r \Delta_n'^m \frac{r'^{n+2}}{r^{n+1}}\,dr' + \int_r^\infty \Delta_n'^m \frac{r^n}{r'^{n-1}}\,dr' \right).$$

De cette équation combinée aux précédentes on déduira (théorème V)

$$\Upsilon_n^m = 0.$$

Il faut excepter les indices $0, 2, 4, \ldots, 2\,m$, pour lesquels, en posant

$$\Upsilon_{2p}^m = Q_p\,Z_p^m,$$

on aura

$$(8) \quad Z_p^m = \frac{4\pi f}{4p+1}\left(\int_0^r Z_p'^m\,F''_0(U'_0)\frac{r'^{2p+2}}{r^{2p+1}}\,dr' + \int_r^\infty Z_p'^m\,F''_0(U'_0)\frac{r^{2p}}{r'^{2p-1}}\,dr' \right)$$
$$+ \frac{4\pi f}{4p+1}\left(\int_0^r \psi_p(r')\frac{r'^{2p+1}}{r^{2p+1}}\,dr' + \int_r^\infty \psi_p(r')\frac{r^{2p}}{r'^{2p-1}}\,dr' \right):$$

et cette équation nous donnera pour Z_p^m une valeur unique, fonction de r. (Je ne reprends pas les raisonnements, toujours identiquement les mêmes.) Le théorème que nous avions en vue est donc complétement démontré.

Voici le problème résolu dans le cas de la loi d'action

$$f(r) = \frac{f}{r^2}.$$

Les formules sont

$$U = U_0 + \omega^2 U_1 + \omega^4 U_2 + \ldots + \omega^{2m} U_m + \ldots$$

$$= Z_0^0 + Z_0^1 \left| \omega^2 + Z_0^2 \right| \omega^4 + \ldots + Z_0^m \left| \omega^{2m} + \ldots \right.$$
$$Z_1^1 Q_1 \left| + Z_1^2 Q_1 \right| + Z_1^m Q_1$$
$$+ Z_2^2 Q_2 \left| + \ldots\ldots \right.$$
$$+ Z_p^m Q_p$$
$$+ \ldots\ldots$$
$$+ Z_m^m Q_m$$

$$U = \frac{\omega^2}{2} r^2 (1 - \mu^2) + f V, \quad p = F(U), \quad \rho = F'(U).$$

Une seule fonction reste complétement arbitraire, c'est

$$F = F_0 + \omega^2 F_1 + \omega^4 F_2 + \ldots + \omega^{2m} F_m + \ldots$$

Cette fonction dépend de la loi des densités qui doit être donnée, pour que le problème soit complétement déterminé.

Z_p^m est une fonction de r seulement, complétement déterminée pour une équation telle que (8)

Q_m est une fonction de μ seulement, dont la valeur est

$$Q_m = \frac{1}{1.2.3\ldots 2\,m\,.\,2^{2m}} \cdot \frac{d^{2m}\,(\mu^2 - 1)^{2m}}{d\,\mu^{2m}}.$$

Dans le cas où l'on a une autre loi d'action, on peut, sinon démontrer complétement, du moins faire pressentir que les résultats sont toujours les mêmes.

Soit $f(r)$ la loi d'action.

Posons

$$\varphi(r) = \int f(r)\,dr,$$

et

$$V = \iiint \varphi(r)\,dm'$$

(r exprimant dans cette seconde intégrale la distance des deux points $x, y, z,$ et $x', y', z',$ et l'intégrale s'étendant à tous les éléments dm' de la masse fluide).

Les équations d'équilibre sont

$$U = \frac{\omega^2}{2}(x^2 + y^2) - V, \quad p = F(U), \quad \rho = F'(U).$$

De même que dans le cas précédent, je ne chercherai parmi les figures d'équilibre que celles qui sont sphéroïdales. (Il est évident que la distribution par couches sphériques homogènes convient à l'équilibre pour $\omega = 0$.)

Ici j'admettrai sans démonstration que, parmi toutes les figures sphéroïdales infiniment voisines de la figure sphérique, la seule qui convienne à l'équilibre dans le cas de $\omega = 0$, est la figure sphérique (la distribution du fluide par couches sphériques homogènes). Cela revient à dire que s'il y a plusieurs formes admissibles pour l'équilibre, elles diffèrent de quantités finies, et qu'entre deux d'entre elles il ne peut pas y avoir de passage insensible.

Cette proposition me paraît à peu près évidente. Quoi qu'il en soit, je ne la discuterai pas. Nous allons voir bientôt qu'elle équivaut au théorème V du cas précédent. On pourra s'en passer toutes les fois que l'on pourra démontrer sans son secours le théorème V, de même que nous l'avons fait pour la loi d'action de la nature.

Je vais m'attacher à suivre le même marche que pour $f(r) = \dfrac{f}{r^2}$, afin de bien montrer l'identité des calculs.

On a

$$V = \iiint \varphi(r)\,dm' = \int_0^{+\infty} \int_{-1}^{+1} \int_0^{2\pi} \varphi\left(\sqrt{r^2 + r'^2 - 2rr'p}\right)\rho'r'^2\,dr'\,d\mu'\,d\psi,$$

p étant le cosinus de l'angle des deux directions μ, ψ et μ', ψ';

$$p = \mu\,\mu' + \sqrt{1 - \mu^2}\,\sqrt{1 - \mu'^2}\,\cos(\psi - \psi').$$

La fonction de p

$$\varphi\left(\sqrt{r^2 + r'^2 - 2rr'p}\right)$$

peut se développer par le théorème II, et alors elle prendra la forme

$$\varphi\left(\sqrt{r^2 + r'^2 - 2rr'p}\right) = \varphi_0(r, r') + P_1\varphi_1(r, r') + \ldots + P_n\varphi_n(r, r') + \ldots,$$

P_n ayant pour valeur $\dfrac{1}{1.2.3\ldots n.2^n}\dfrac{d^n[(p^2-1)^n]}{dp^n}.$

Supposons ρ développé aussi par le théorème II,

$$\rho = \delta_0 + \delta_1 + \delta_2 + \ldots + \delta_n + \ldots$$

et de même

$$V = v_0 + v_1 + v_2 + \ldots + v_n + \ldots.$$

Substituons le tout dans l'équation précédente, et réduisons l'intégrale du second membre au moyen du théorème III, il viendra

$$v_n = \frac{4\pi}{2n+1} \int_0^\infty \delta'_n \varphi_n(r, r')\, dr'.$$

Je développe de même U

$$U = u_0 + u_1 + u_2 + \ldots + u_n + \ldots$$

et l'équation

$$U = \frac{\omega^2}{2}(x^2 + y^2) - V$$

me conduira aux suivantes :

$$u_0 = \frac{\omega^2}{3} r^2 - v_0; \quad u_1 = -v_1; \qquad u_2 = -\frac{\omega^2}{3} r^2 Q_1 - v_2;$$

$$u_3 = -v_3; \qquad u_4 = -v_4; \quad \ldots\ldots \quad u_n = -v_n; \ldots$$

Enfin je développe $\delta_0, \delta_1, \ldots, \delta_n, \ldots$; $u_0, u_1, \ldots, u_n, \ldots$ suivant les puissances de ω :

$$\delta_n = \Delta_n^0 + \omega^2 \Delta_n^1 + \omega^4 \Delta_n^2 + \ldots + \omega^{2m} \Delta_n^m + \ldots,$$

$$u_n = \Upsilon_n^0 + \omega^2 \Upsilon_n^1 + \omega^4 \Upsilon_n^2 + \ldots + \omega^{2m} \Upsilon_n^m + \ldots;$$

et en substituant dans les équations précédentes, j'arrive aux équations

$$(4)' \quad \begin{cases} \Upsilon_n^m = -\dfrac{4\pi}{2n+1} \displaystyle\int_0^\infty \Delta_n'^m \varphi_n(r, r')\, dr', \\[2mm] \text{Excepté dans les deux cas} \\[1mm] \Upsilon_0^1 = \dfrac{r^2}{3} - \dfrac{4\pi}{1} \displaystyle\int_0^\infty \Delta_0'^1 \varphi_0(r, r')\, dr', \\[2mm] \Upsilon_2^1 = -\dfrac{r^2}{3} Q_1 - \dfrac{4\pi}{5} \displaystyle\int_0^\infty \Delta_2'^1 \varphi_2(r, r')\, dr'. \end{cases}$$

Pour simplifier les écritures, représentons encore par D_m la somme

$$D_m = \Delta_0^m + \Delta_1^m + \Delta_2^m + \ldots + \Delta_n^m + \ldots,$$

et soit de même

$$U_m = \Upsilon_0^m + \Upsilon_1^m + \Upsilon_2^m + \ldots + \Upsilon_n^m + \ldots.$$

Développons suivant les puissances de ω la fonction F,

$$F = F_0 + \omega^2 F_1 + \omega^4 F_2 + \ldots + \omega^{2m} F_m + \ldots;$$

et en substituant toutes ces expressions dans l'équation

$$\rho = F'(U),$$

elle deviendra

$$
\begin{aligned}
&D_0 + \omega^2 D_1 + \omega^4 D_2 + \ldots\ldots\ldots\ldots + \omega^{2m} D_m + \ldots \\
&= F_0'(U + U') + \omega^2 F_1'(U + U') + \ldots\ldots + \omega^{2m} F_m'(U + U') + \ldots \\
&= F_0'(U_0) + \frac{U'}{1} F_0''(U_0) + \frac{U'^2}{1.2} F_0'''(U_0) + \ldots + \frac{U'^m}{1.2.3\ldots m} F_0^{m+1}(U_0) + \ldots \\
&\qquad + \omega^2 F_6'(U_0) + \omega^2 \frac{U'}{1} F_0''(U_0) + \ldots + \omega^2 \frac{U'^{m-1}}{1.2.3\ldots(m-1)} F_2^m(U_0) + \ldots \\
&\qquad\qquad + \omega^4 F_2'(U_0) + \ldots + \omega^4 \frac{U'^{m-2}}{1.2.3\ldots(m-2)} F_2^{m-1}(U_0) + \ldots \\
&\qquad\qquad\qquad + \ldots + \ldots \\
&\qquad\qquad\qquad + \ldots + \ldots \\
&\qquad\qquad\qquad\qquad + \omega^{2m} F_m'(U_0) + \ldots \\
&\qquad\qquad\qquad\qquad + \ldots
\end{aligned}
$$

U' étant la variation de U provenant de ω

$$U' = U - U_0 = \omega^2 U_1 + \omega^4 U_2 + \ldots + \omega^{2m} U_m + \ldots;$$

et en substituant cette valeur de U', et égalant les coefficients des mêmes puissances de ω, nous arriverons aux équations

$$(5)' \quad
\begin{cases}
D_0 = F_0(U_0), \\
D_1 = U_1 F_0''(U_0) + F_1'(U_0), \\
D_2 = U_2 F_0''(U_0) + \frac{(U_1)^2}{1.2} F_0'''(U_0) + \frac{U_1}{1} F_2''(U_0) + F_2'(U_0). \\
\cdots\cdots\cdots\cdots\cdots\cdots\cdots\cdots\cdots\cdots\cdots \\
\cdots\cdots\cdots\cdots\cdots\cdots\cdots\cdots\cdots\cdots\cdots
\end{cases}$$

(38)

Avant d'aller plus loin, j'établirai un théorème (V').

De l'équation

$$\Upsilon_n^{m} = -\frac{4\pi}{2n+1} \int_0^{\infty} \Upsilon_n'^{m} \, F_0''(U_0') \, \varphi_n(r, r') \, dr',$$

on déduit rigoureusement

$$\Upsilon_n^{m} = 0.$$

En effet, si une fonction de r, μ et ψ, autre que o, satisfaisait à l'équation précédente, on aurait une figure sphéroïdale infiniment voisine de la figure sphérique qui conviendrait à l'équilibre de la masse fluide pour $\omega = 0$. Ce serait la figure représentée par les équations

$$U = U_0 + \varepsilon \Upsilon_n^{m},$$

$$\rho = F_0'(U) = F_0'(U_0) + \varepsilon \Upsilon_n^{m} F_0''(U_0)$$

(ε représentant un infiniment petit).

Car on voit immédiatement que les équations précédentes sont vérifiées par ces valeurs pour $\omega = 0$, en vertu de l'équation à laquelle satisfait Υ_n^{m}.

Ainsi de l'équation proposée nous conclurons

$$\Upsilon_n^{m} = 0.$$

De là résulte aussi que l'équation

$$\Upsilon_n^{m} = -\frac{4\pi}{2n+1} \int_0^{\infty} \Upsilon_n'^{m} \, F_0''(U_0') \, \varphi_n(r, r') \, dr' + \chi(r)$$

n'admet qu'une seule solution.

Car si on en suppose deux, le théorème précédent montre que la différence de ces deux solutions est nulle.

Avec ce théorème, qui est l'équivalent du théorème V, nous pouvons continuer les calculs identiquement comme dans le cas que nous avons déjà traité. Le seul changement à faire est de remplacer $\frac{r'^n}{r^{n+1}}$ de o à r, et $\frac{r^n}{r'^{n+1}}$ de r à ∞, par la fonction $\varphi_n(r, r')$.

La même suite de raisonnements nous conduira à trouver une seule figure sphéroidale d'équilibre, représentée par les équations

$$U = Z_0^0 + Z_0^1 \left| \omega^2 + \ldots + Z_0^m \right| \omega^{2m} + \ldots$$
$$+ Z_1^1 Q_1 \qquad + Z_1^m Q_1$$
$$+ \ldots$$
$$+ Z_p^m Q_p$$
$$+ \ldots$$
$$+ Z_m^m Q_m$$

Q_m est encore la fonction

$$Q_m = \frac{1}{1.2.3\ldots 2m.2^{2m}} \frac{d^{2m}(\mu^2 - 1)^{2m}}{d\mu^{2m}},$$

et Z_p^m est complétement déterminé par une équation telle que

$$Z_\mu^m = - \int_0^\infty (Z_p^m) F_0''(U_0') \varphi_{2p}(r, r') \, dr' - \int_0^\infty \psi_p(r') \varphi_{2p}(r, r') \, dr'.$$

Pour appliquer ces formules il faudra, pour chaque loi d'attraction, commencer par déterminer les fonctions $\varphi_m(r, r')$. Ce qui se fera facilement, car de l'équation

$$\varphi\left(\sqrt{r^2 + r'^2 - 2 r r' \mu}\right) = \sum \varphi_m(r, r') \cdot \frac{1}{1.2.3\ldots m.2^m} \cdot \frac{d^m(\mu^2 - 1)^m}{d\mu^m},$$

on déduit par le théorème III

$$\int_{-1}^{+1} \int_0^{2\pi} P_n \varphi\left(\sqrt{r^2 + r'^2 - 2 r r' \mu}\right) d\mu' \, d\psi'$$
$$= \frac{4\pi}{2m+1} \varphi_m(r, r') \cdot \frac{1}{1.2.3\ldots m.2^m} \cdot \frac{d^m(\mu^2 - 1)^m}{d\mu^m},$$

ou plus simplement, en faisant $\mu = 1$,

$$\varphi_m(r, r') = \frac{2m+1}{2} \int_{-1}^{+1} \frac{1}{1.2.3\ldots m.2^m} \frac{d^m(\mu'^2 - 1)^m}{d\mu'^m} \varphi\left(\sqrt{r^2 + r'^2 - 2 r r' \mu'}\right) d\mu'.$$

Voyons maintenant les conséquences que nous pouvons tirer des résultats précédents. Les équations des surfaces de niveau sont $U = C$. Comme notre valeur de U ne contient pas ψ, nous voyons que ces surfaces de niveau seront de révolution autour de l'axe des z, c'est-à-dire de l'axe autour duquel tourne la masse fluide.

Dans la valeur de U, μ n'entre que par Q_1, Q_2, ..., Q_m, ..., et comme $Q_m = \dfrac{1}{1 . 2 . 3 \ldots 2\,m . 2^{2m}} \dfrac{d^{2m} (\mu^2 - 1)^{2m}}{d\,\mu^{2m}}$ ne contient que des puissances paires de μ, U ne change pas quand on change μ en $-\mu$. Ceci nous prouve que le plan des xy est un plan de symétrie de la masse fluide; ou bien encore que l'origine, qui est le centre de gravité de la masse, est un véritable centre pour toutes les surfaces de niveau.

Etudions de plus près ces couches de niveau. Leur section méridienne, rapportée à l'axe de révolution, a pour équation $U = C$. Soit r' le rayon primitif de la couche que nous considérons. On aura $Z_0^{\prime 0} = C$ pour $r = r'$.

Développons la valeur générale de r suivant les puissances de ω. Ainsi posons

$$r = r' + \omega^2\, \psi_1 (r', \mu) + \omega^4\, \psi_2 (r', \mu) + \ldots + \omega^{2m}\, \psi_m (r', \mu) + \ldots,$$

et substituons dans l'équation

$$U = C = Z_0^{\prime 0},$$

où nous développerons toutes les fonctions par la série de Taylor. En égalant à 0 les coefficients des puissances successives de ω, on verra évidemment que $\psi_1 (r', \mu)$ ne peut contenir que les puissances 0 et 2 de μ ; que ψ_2 ne contiendra que les puissances 0, 2, 4, et en général que ψ_m ne possède que les termes en μ^0, μ^2, μ^4, ..., μ^{2m}. On le vérifie pour les premières équations, et la démonstration de proche en proche ne présente aucune difficulté si on remarque qu'il en est de même des coefficients des diverses puissances de ω, dans la valeur de U.

Remplaçons les puissances de $\mu = \cos\theta$ par les cosinus des arcs multiples; comme μ^{2p} ne contient $\cos 2\,\theta$, $\cos 4\,\theta$, ..., $\cos 2\,p\,\theta$, il est évident que $\cos 2\,p\,\theta$ ne paraîtra pas jusqu'au terme en ω^{2p}, de sorte que le coefficient de $\cos 2\,p\,\theta$ sera une somme de termes telle que

$$\omega^{2p}\, \chi_0^p (r') + \omega^{2p+2}\, \chi_1^p (r') + \ldots + \omega^{2p+2q}\, \chi_q^p (r') + \ldots.$$

Ainsi l'équation des courbes méridiennes peut se mettre sous la forme

$$r = A_0 + A_2 \cos 2\,\theta + A_4 \cos 4\,\theta + \ldots + A_{2p} \cos 2\,p\,\theta + \ldots,$$

où, en général,

$$A_{2p} = \omega^{2p} \left[\chi_0^p (r') + \omega^2 \chi_1^p (r') + \ldots + \omega^{2q} \chi_q^p (r') + \ldots \right].$$

Construisons une de ces courbes.

Si d'abord nous négligeons les termes en $\omega^2, \omega^4, \ldots, \omega^{2m}, \ldots$, la valeur de r se réduit à $r = r'$. Car $A_2, A_4, \ldots, A_{2p}, \ldots$, disparaissent et A_0 se réduit à son premier terme r'. Nous aurons donc un cercle.

Si ensuite nous tenons compte des termes en ω^2, nous aurons encore un terme constant venant de A_0, plus un terme en $\cos 2\theta$ venant de A_2. Ce dernier donne une correction sur chaque rayon, correction nulle à $45°$, maximum en signes contraires à $0°$ et $90°$. Nous avons ainsi une courbe que nous pouvons complétement assimiler à une ellipse, avec l'approximation que nous conservons.

Allons plus loin, et prenons les termes en ω^4. Nous aurons d'abord deux termes venant l'un de A_0, l'autre de A_2, qui altéreront un peu les dimensions de la courbe précédente, mais sans changer sa forme ; puis un troisième terme venant de A_4. Ce dernier, qui est en $\cos 4\theta$, changera la forme de la courbe. Il donnera sur chaque rayon une correction qui, nulle à $22° 30'$ et $67° 30'$, deviendra maximum à $45°$, et égale mais de signe contraire à $0°$ et $90°$. Il n'y a qu'une courbe du quatrième degré qui puisse présenter ces particularités, avec l'approximation que nous conservons.

Et ainsi de suite. En général, si on va jusqu'au terme en ω^{2m}, la courbe de degré le plus simple qui puisse être assimilée est une courbe de degré $2m$, tant qu'il n'y a pas de relations particulières auxquelles satisfassent les coefficients.

Je bornerai ici la solution générale du problème de mécanique proprement dit, et je passerai à l'application des théories précédentes à la figure de la Terre.

———◦———

DEUXIÈME PARTIE.

Les géomètres qui ont voulu soumettre au calcul la figure des planètes, ont fait les hypothèses suivantes :

La Terre et les planètes ont été primitivement des masses fluides, se mouvant dans l'espace. En vertu des actions qu'ont exercées les molécules de tous ces corps les unes sur les autres, chacune de ces masses fluides a fini par prendre une forme d'équilibre, ne conservant plus qu'un mouve-

ment de translation et un mouvement de rotation uniforme autour d'un axe invariable dans son intérieur. Ce n'est que plus tard que, par suite du refroidissement, les planètes se sont solidifiées, en conservant cette forme d'équilibre.

La question de la figure des planètes revient ainsi à déterminer cette forme d'équilibre primitive.

Prenons la Terre, par exemple, et appliquons à cette planète, que nous supposons encore fluide, les équations connues du mouvement des fluides. Il doit y avoir équilibre entre les forces réelles F, qui sollicitent les diverses molécules de la masse fluide, et les forces d'inertie mJ, correspondant aux mouvements réels de ces molécules.

Je sépare pour chaque molécule terrestre les forces réelles en deux :

1°. La résultante F_1 des actions de toutes les masses extérieures.

2°. La résultante F_2 des actions des autres molécules terrestres.

Quant aux forces d'inertie, je les distingue en trois sortes :

1°. La force d'inertie mJ$_1$, correspondant à la translation du centre de gravité de la Terre.

2°. La force d'inertie mJ$_2$, correspondant aux diverses oscillations de l'axe terrestre, telles que la précession, la nutation, etc.

3°. La force d'inertie mJ$_3$, correspondant à la rotation uniforme de la Terre autour de son axe.

Considérons d'abord les forces F_1 et mJ$_1$. Le mouvement du centre de gravité de la Terre est déterminé par trois équations, telles que

$$\Sigma F_1 \cos \alpha = \Sigma m J_1 \cos A.$$

Par conséquent, si les actions des masses extérieures étaient égales et parallèles pour les diverses molécules terrestres m, les résultantes de ces actions F_1 seraient aussi égales et parallèles, et alors, en vertu de l'équation précédente, les forces F_1 et mJ$_1$ se détruiraient identiquement sur chaque molécule. Mais il n'en est pas rigoureusement ainsi : les forces F_1 varient un peu en direction et en intensité ; et par suite les forces F_1 et mJ$_1$ ne se réduisent plus à o, mais donnent lieu à une très-petite résultante f.

Ces forces f sont extrêmement variables, soit que l'on passe d'une molécule à l'autre dans l'intérieur de la Terre, soit que l'on considère les positions successives d'une même molécule au bout de différents temps. Ces variations sont assez grandes pour que les composantes de f changent de signe, et que cette force prenne une direction opposée à celle qu'elle avait primitivement.

Les forces f, appliquées aux divers points du globe supposé de forme invariable, ne peuvent produire de translation de son centre de gravité, en vertu de l'équation précédente, qui peut aussi s'écrire :

$$\Sigma f \cos a = 0.$$

Mais elles donnent lieu à divers mouvements de la Terre autour de son centre de gravité, ou, ce qui revient au même, à diverses oscillations de son axe de rotation, telles que la précession, la nutation, etc.

Séparons donc dans f la composante f_1, qui sur chaque molécule correspond à ces divers mouvements, et il restera une force f_2, résultante de f et de mJ_2, qui ne peut plus avoir aucune influence sur le mouvement du globe solidifié.

Nous avons ramené les forces qui sollicitent chaque molécule à trois : f_2, F_2 et mJ_3.

La condition bien connue de l'équilibre est, que la masse fluide se dispose en couches de niveau homogènes, normales en chaque point à la résultante de f_2, F_2 et mJ_3.

Les géomètres qui se sont occupés de cette question ont négligé la force f_2, admettant que cette force très-petite, dont la grandeur et le sens même varient avec le temps, a un effet moyen nul sur chaque molécule, et par conséquent ne peut exercer aucune influence sur la figure de la Terre.

Nous ferons les mêmes hypothèses ; et la détermination de la figure de la Terre, ramenée à la considération des forces F_2 et mJ_3, rentrera dans le problème de mécanique traité dans la première partie (*).

Nous allons donc prendre les résultats de la Ire Partie et en faire l'application aux diverses questions que présente la figure de la Terre.

Les formules que l'on emploie dans les grands levers géodésiques, sup-

---

(*) On peut se demander si la suppression de la force f_2 est bien légitime. Cette force est celle qui produit les marées, et si elle a une influence aussi sensible sur la surface actuelle des mers, on peut craindre qu'elle n'ait modifié d'une manière notable la figure de la masse terrestre encore fluide. En effet, une étude plus approfondie de la question montre que la force f_2 ne se détruit pas en moyenne sur chaque molécule terrestre. Son effet a dû dans l'origine augmenter l'aplatissement de la Terre aux pôles de $0^m,7$ environ. Mais la géodésie actuelle est loin de prétendre à mettre en évidence les quantités de cet ordre, et, par conséquent, nous sommes en droit de négliger la force f_2 dans les calculs suivants.

6..

posent toutes que la surface de la Terre est un ellipsoïde de révolution. Nous avons montré, vers la fin de la Ire Partie, que c'est le résultat auquel on parvient, en ne prenant dans U que le terme constant et le terme en ω^2, et regardant les suivants comme négligeables.

Mais est-on bien en droit de négliger ces termes? Leur valeur reste-t-elle dans les limites des erreurs probables des observations ?

Pour élucider cette question, je prendrai dans la valeur de U le terme suivant, celui en ω^4, et je chercherai les changements que ce terme apporte dans toutes les formules géodésiques. Si les observations actuelles ne sont pas assez précises pour nous accuser ces changements, il sera prouvé que le terme en ω^4, et *à fortiori* les suivants, peuvent être supprimés dans la valeur de U, et qu'on doit s'en tenir aux formules qui se rapportent à l'ellipsoïde.

D'après la Ire Partie, l'équation d'une couche de niveau quelconque dans l'intérieur de la Terre, et en particulier de la surface terrestre, est :

$$U = C,$$

ou

$$(1) \qquad \begin{cases} Z_0^0 + Z_1^0 \\ + Z_1^1 Q_1 \end{cases} \omega^2 + \begin{matrix} Z_0^2 \\ + Z_1^2 Q_1 \\ + Z_2^2 Q_2 \end{matrix} \;\Bigg|\; \omega^4 + \ldots = C.$$

Soit r_0 une valeur de r, telle que

$$(Z_0^0)_{r = r_0} = C.$$

La valeur du rayon vecteur de la surface précédente sera

$$(2) \qquad \begin{cases} r = r_0 \Big[\, 1 + a_0 \\ + a_1 Q_1 \end{cases} \omega^2 + \begin{matrix} b_0 \\ + b_1 Q_1 \\ + b_2 Q_2 \end{matrix} \;\Bigg|\; \omega^4 + \ldots \,\Big]$$

les coefficients a_0, a_1, b_0, b_1, b_2 étant déterminés par les équations :

$$r_0 a_0 \frac{dZ_0^0}{dr} + Z_0^1 = 0,$$

$$r_0 a_1 \frac{dZ_0^0}{dr} + Z_1^1 = 0,$$

$$r_0 b_0 \frac{dZ_0^0}{dr} + r_0^2 \left(a_0^2 + \frac{1}{5} a_1^2\right) \frac{1}{2} \frac{d^2 Z_0^0}{dr^2} + r_0 a_0 \frac{dZ_0^1}{dr} + \frac{1}{5} r_0 a_1 \frac{dZ_1^1}{dr} + Z_0^2 = 0,$$

$$r_0 b_1 \frac{dZ_0^0}{dr} + r_0^2 \left(2 a_0 a_1 + \frac{2}{7} a_1^2\right) \frac{1}{2} \frac{d^2 Z_0^0}{dr^2} + r_0 a_1 \frac{dZ_0^1}{dr} + r_0 \left(a_0 + \frac{2}{7} a_1\right) \frac{dZ_1^1}{dr} + Z_1^2 = 0,$$

$$r_0 b_2 \frac{dZ_0^0}{dr} + r_0^2 \frac{18}{35} a_1^2 \frac{1}{2} \frac{d^2 Z_0^0}{dr^2} + r_0 \frac{18}{35} a_1 \frac{dZ_1^1}{dr} + Z_2^2 = 0.$$

Remplaçons Q_1 et Q_2 par leurs valeurs exprimées en cosinus des multiples de l'angle θ :

$$Q_1 = \frac{1}{1.2.2^2}\frac{d^2(\mu^2-1)^2}{d\mu^2} = \frac{1}{2}(3\mu^2-1) = \frac{1}{4} + \frac{3}{4}\cos 2\theta,$$

$$Q_2 = \frac{1}{1.2.3.4.2^4}\frac{d^4(\mu^2-1)^4}{d\mu^4} = \frac{1}{8}(35\mu^4 - 30\mu^2 + 3) = \frac{9}{64} + \frac{20}{64}\cos 2\theta + \frac{35}{64}\cos 4\theta.$$

La formule (2) deviendra

$$(3) \qquad r = \rho_0(1 + 6\omega^2\cos 2\theta + \gamma\omega^4\cos 4\theta + \ldots),$$

ρ_0, 6, γ étant les expressions suivantes :

$$\rho_0 = r_0\left\{1 + a_0\left|\omega^2 + \begin{array}{l} b_0 \\ \end{array}\right|\omega^4 + \ldots\right.$$

$$\left. + \frac{1}{4}a_1 \quad + \frac{1}{4}b_1 \right.$$

$$+ \frac{9}{64}b_2$$

$$6 = \frac{3}{4}a_1 + \frac{3}{4}b_1\left|\omega^2 + \ldots\right.$$

$$+ \frac{20}{64}b_2$$

$$- \quad a_0$$

$$- \frac{1}{4}a_1$$

$$\gamma = \frac{35}{64}b_2 + \ldots.$$

D'après l'équation (3) l'aplatissement de la couche de niveau du pôle à l'équateur est

$$E = \frac{r_{90^\circ} - r_{0^\circ}}{r_{45^\circ}} = \frac{\rho_0(-2\,6\omega^2)}{\rho_0(1 - \gamma\omega^4)} = -2\,6\omega^2 - \ldots$$

(car nous négligeons les termes de l'ordre de ω^6).

Si la surface considérée était un ellipsoïde de révolution aplati aux pôles, on aurait, b étant l'axe polaire, et e l'excentricité,

$$r = b(1 - e^2\sin^2\theta)^{-\frac{1}{2}}$$

ou

$$r = b \left\{ \begin{array}{l} 1 \quad - \dfrac{e^2}{4} \\[4pt] + \dfrac{e^2}{4} - \dfrac{3}{16}e^4 \\[4pt] + \dfrac{9}{64}e^4 \end{array} \left| \cos 2\theta + \dfrac{3}{64}e^4 \right| \cos 4\theta - \ldots \right\}.$$

Ainsi, dans l'ellipsoïde, on a

$$6\omega^2 = \dfrac{-\dfrac{e^2}{4} - \dfrac{3\,e^4}{16} - \ldots}{1 + \dfrac{e^2}{4} + \ldots} = -\dfrac{e^2}{4} - \dfrac{e^4}{8} - \ldots,$$

$$\gamma\omega^4 = \dfrac{\dfrac{3}{64}e^4 + \ldots}{1 + \dfrac{e^2}{4} + \ldots} = \dfrac{3}{64}e^4 + \ldots,$$

et, par suite,

$$\gamma\omega^4 = \dfrac{3}{4}(6\omega^2)^2 + \ldots = \dfrac{3}{16}E^2 + \ldots.$$

Je poserai dans le cas général

$$\gamma\omega^4 = \dfrac{3}{16}E^2(1 + t),$$

et t, nul dans le cas de l'ellipsoïde, pourra servir de mesure à l'écart de la forme ellipsoïdale pour la surface de niveau considérée.

Je remplace 6 et γ par leurs valeurs en E et t; l'équation (3) devient

$$r = \rho_0\left[1 - \dfrac{1}{2}E\cos 2\theta + \dfrac{1}{16}E^2(3 + 3t)\cos 4\theta - \ldots\right].$$

Je pars de cette équation de la surface de niveau, et je cherche la valeur du rayon de courbure du méridien au point r, θ.

Si dans la formule

$$R = \frac{\left(r^2 + \dfrac{dr^2}{d\theta^2}\right)^{\frac{3}{2}}}{r^2 + 2\dfrac{dr^2}{d\theta^2} - r\dfrac{d^2r}{d\theta^2}}$$

je substitue la valeur précédente de r, et si je développe suivant les puissances de ω, j'obtiens

$$R = \rho_0\left[\left(1 + 7\,\frac{E^2}{4}\right) + \frac{3}{2}E\cos 2\theta - \frac{1}{16}E^2(9 + 45\,t)\cos 4\theta + \ldots\right].$$

J'appellerai α la distance polaire, c'est-à-dire l'angle de la normale à la courbe avec l'axe polaire. On a

$$ds = R\,d\alpha = \sqrt{dr^2 + r^2\,d\theta^2}\,;$$

d'où

$$d\alpha = d\theta\,\frac{\sqrt{r^2 + \dfrac{dr^2}{d\theta^2}}}{R}.$$

Je substitue les valeurs précédentes de r et R, et j'intègre, en remarquant que pour $\theta = 0$ on a $\alpha = 0$, il vient

$$\alpha = \theta - E\sin 2\theta + \frac{1}{4}E^2(2 + 3\,t)\sin 4\theta - \ldots.$$

Sur la Terre, la seule quantité que donne directement l'observation pour chaque point, c'est α. Exprimons donc toutes les quantités précédentes en fonction de α. On a ainsi

$$(5)\quad \begin{cases} r = \rho_0\left[\left(1 + \dfrac{E^2}{2}\right) - \dfrac{E}{2}\cos 2\alpha - \dfrac{1}{16}E^2(5 - 3\,t)\cos 4\alpha - \ldots\right], \\[2ex] R = \rho_0\left[\left(1 + \dfrac{E^2}{4}\right) + \dfrac{3}{2}E\cos 2\alpha + \dfrac{1}{16}E^2(15 - 45\,t)\cos 4\alpha + \ldots\right], \\[2ex] \theta = \alpha + E\sin 2\alpha + \dfrac{1}{4}E^2(2 - 3\,t)\sin 4\alpha + \ldots. \end{cases}$$

Une autre longueur souvent employée dans les calculs géodésiques est la

(48)

grande normale, c'est-à-dire la normale au méridien prolongée jusqu'à l'axe de révolution. Sa valeur est

$$
(5) \qquad N = \frac{r \sin \theta}{\sin \alpha} = \rho_0 \left\{
\begin{array}{l}
\left[1 + E + \frac{1}{4} E^2 (2 - 3t) + \ldots \right] \\[2mm]
+ \left[\frac{E}{2} + \frac{1}{2} E^2 (1 - 3t) + \ldots \right] \cos 2\alpha \\[2mm]
+ \left[\frac{1}{16} E^2 (3 - 9t) + \ldots \right] \cos 4\alpha \\[2mm]
+ \ldots \ldots \ldots \ldots \ldots
\end{array}
\right.
$$

Les levers trigonométriques faits pour déterminer les dimensions de la Terre donnent définitivement des longueurs de degrés de parallèles, ou de degrés de méridiens, à des latitudes connues. Si on admet que le sphéroïde terrestre soit rigoureusement un ellipsoïde de révolution (ce qu'on a fait jusqu'ici), deux de ces degrés suffisent pour calculer les constantes de son équation, l'axe polaire b, et l'aplatissement E. Pour cela on prend les formules relatives à l'ellipsoïde

$$
R = b \, (1 - e^2)^{\frac{1}{2}} (1 - e^2 \cos^2 \alpha)^{-\frac{3}{2}},
$$

$$
N = b (1 - e^2)^{-\frac{1}{2}} (1 - e^2 \cos^2 \alpha)^{-\frac{1}{2}},
$$

$$
E = \frac{e^2}{2} + \frac{e^4}{4},
$$

et on y substitue les valeurs de R ou de N que donne le lever géodésique, à des distances polaires connues, α.

Ainsi supposons qu'on ait mesuré deux degrés de méridien à des colatitudes α et α'. Des équations

$$
R_\alpha = b (1 - e^2)^{\frac{1}{2}} (1 - e^2 \cos^2 \alpha)^{-\frac{3}{2}},
$$

$$
R_{\alpha'} = b (1 - e^2)^{\frac{1}{2}} (1 - e^2 \cos^2 \alpha')^{-\frac{3}{2}},
$$

on tirera

$$
e^2 = \frac{R_{\alpha'}^{\frac{2}{3}} - R_\alpha^{\frac{2}{3}}}{R_{\alpha'}^{\frac{2}{3}} \cos^2 \alpha' - R_\alpha^{\frac{2}{3}} \cos^2 \alpha},
$$

puis

$$b = \mathrm{R}_\alpha\,(1 - e^2)^{-\frac{1}{2}}(1 - e^2\cos^2\alpha)^{\frac{3}{2}}; \quad \mathrm{E} = \frac{e^2}{2} + \frac{e^4}{4}\cdot$$

Comme la Terre n'est pas rigoureusement un ellipsoïde de révolution, ces formules appliquées aux divers degrés de méridien que je suppose mesurés bien exactement, ne peuvent donner pour b et E des valeurs constantes. Ces valeurs, qu'on obtient en substituant R_α et $\mathrm{R}_{\alpha'}$ tirés des équations (5), sont

$$b_{\alpha,\,\alpha'} = \rho_0\left[1 - \frac{\mathrm{E}}{2} + \frac{3}{16}\mathrm{E}^2 + \frac{15}{8}\mathrm{E}^2\,t(\cos 2\alpha + \cos 2\alpha' + 3\cos 2\alpha\cos 2\alpha') + \ldots\right]$$

$$\mathrm{E}_{\alpha,\,\alpha'} = \mathrm{E}\left[1 - \frac{15}{4}\mathrm{E}\,t\,(\cos 2\alpha + \cos 2\alpha') - \ldots\right].$$

On emploie quelquefois une autre méthode pour calculer les constantes b et E de l'ellipsoïde terrestre. Si l'on a mesuré un degré de parallèle, on le combine avec le degré de méridien déterminé à la même latitude, et pour cela on emploie les formules

$$\mathrm{R} = b\,(1 - e^2)^{\frac{1}{2}}(1 - e^2\cos^2\alpha)^{-\frac{3}{2}};$$

$$\mathrm{N}\sin\alpha = b\,(1 - e^2)^{-\frac{1}{2}}(1 - e^2\cos^2\alpha)^{-\frac{1}{2}}\sin\alpha,$$

d'où l'on tire

$$e^2 = \frac{\mathrm{N} - \mathrm{R}}{\mathrm{N} - \mathrm{R}\cos^2\alpha},$$

puis

$$b = \mathrm{R}\,(1 - e^2)^{-\frac{1}{2}}(1 - e^2\cos^2\alpha)^{\frac{3}{2}}, \quad \mathrm{E} = \frac{e^2}{2} + \frac{e^4}{4}\cdot$$

Ces formules, appliquées à la surface que nous considérons, donneront pour b et E les valeurs variables suivantes :

$$b_\alpha = \rho_0\left[1 - \frac{\mathrm{E}}{2} + \frac{3}{16}\mathrm{E}^2 + \frac{1}{16}\mathrm{E}^2 t\,(78 + 108\cos 2\alpha + 9\cos 4\alpha) + \ldots\right],$$

$$\mathrm{E}_\alpha = \mathrm{E}\left[1 - \frac{1}{2}\mathrm{E}\,t\,(6 + 9\cos 2\alpha) - \ldots\right].$$

Au moyen de ces formules, si nous connaissions les constantes E et t, nous pourrions calculer de combien varient b_α et E_α pour les différentes valeurs de α et α', et voir si ces variations suffisent à expliquer les discordances que présentent les dimensions du méridien terrestre déduites de la combinaison des différents degrés de méridien et de parallèle déjà mesurés.

Nous ne pouvons rigoureusement déterminer E et t pour la surface terrestre ; car ces deux constantes dépendent de la loi des densités dans l'intérieur de la Terre, loi de laquelle nous n'avons aucune idée, et que nous ne pouvons espérer de connaître jamais ; mais nous pouvons cependant assigner des limites entre lesquelles sont comprises ces deux quantités, et voir, jusqu'à un certain point, quelles sont leurs valeurs probables.

Ainsi, prenons d'abord E. On a, pour une couche quelconque, dans l'intérieur de la Terre,

$$E = -2\,6\omega^2 = -\frac{3}{2}a_1\omega^2 - \frac{3}{2}b_1 \left| \begin{array}{l} \omega^4 + \ldots \\[4pt] -\frac{5}{8}b_2 \\[4pt] +2a_0 \\[4pt] +\frac{1}{2}a_1 \end{array} \right.$$

Appelons ε le premier terme de la valeur de E, de beaucoup le plus important parce que ω^2 est très-petit ; nous aurons

$$\varepsilon = -\frac{3}{2}a_1\,\omega^2,$$

et, par suite, en nous reportant à l'équation qui donne a_1,

$$r\,\varepsilon\,\frac{d\mathrm{Z}_0^0}{dr} = \frac{3}{2}\,\omega^2\,\mathrm{Z}_1^1.$$

Je récris les équations qui déterminent les valeurs de Z_0^0 et Z_1^1 (première partie du Mémoire) :

$$\mathrm{Z}_0^0 = \mathrm{U}_0 = 4\,\pi\,f\left[\int_0^r \varphi(r').\frac{r'^2}{r}\,dr' + \int_r^\infty \varphi(r').r'\,dr'\right],$$

$$\mathrm{Z}_1^1 = \frac{4\pi f}{5}\left[\int_0^r \mathrm{Z}_1^1\,\mathrm{F}_0''(\mathrm{U}_0')\frac{r'^4}{r^3}\,dr' + \int_r^\infty \mathrm{Z}_1^1\,\mathrm{F}_0''(\mathrm{U}_0')\frac{r}{r'}\,dr'\right] - \frac{r^2}{3}.$$

Dans ces équations $\varphi(r)$ est la fonction qui lie la densité aux rayons vecteurs, et $F'_0(U_0)$ est celle qui lie la densité aux valeurs de U_0; de sorte que l'on a

$$\rho = \varphi(r) = F'_0(U_0).$$

Des équations précédentes on déduit

$$\frac{d\rho}{dr} = F''_0(U_0) . \frac{dZ_1^0}{dr},$$

$$\frac{dZ_0^0}{dr} = -\frac{4\pi f}{r^2} \int_0^r \rho' \, r'^2 \, dr'.$$

J'emploierai encore dans ces calculs une autre quantité. Ce sera la densité moyenne de la sphère de rayon r. Cette densité moyenne δ sera définie par l'équation

$$\frac{4}{3}\pi r^3 \, \delta = \int_0^r \rho' . 4\pi r'^2 \, dr'.$$

En intégrant par parties le second membre, et remarquant que

$$\rho = \int_r^\infty (-d\rho'),$$

on pourra mettre la valeur de δ sous la forme

$$\delta = \int_0^r \frac{r'^3}{r^3} (-d\rho') + \int_r^\infty (-d\rho').$$

Ceci posé, multiplions les deux termes de l'équation en Z_1^1 par $-\frac{3}{2}\omega^2$; puis remplaçons Z_1^1, $\frac{dZ_1^0}{dr}$, et $F''_0(U_0)$, par leurs valeurs déduites des équations précédentes; nous aurons

$$r\varepsilon . \frac{4\pi f r \delta}{3} = \frac{4\pi f}{5}\left[\int_0^r r'\varepsilon'\left(-\frac{d\rho'}{dr'}\right)\frac{r'^3}{r^3} dr' + \int_r^\infty r'\varepsilon'\left(-\frac{d\rho'}{dr'}\right)\frac{r^2}{r'^2} dr' \right] + \frac{\omega^2 r^2}{2},$$

7..

équation que l'on peut écrire encore, en divisant par $\dfrac{4\,\pi f\,\delta}{3}$, et substituant partiellement la valeur de δ,

$$r^2\,\varepsilon - \frac{3}{5}\,\frac{\displaystyle\int_0^{r} r'^2\,\varepsilon'\,\frac{r'^3}{r^5}\,(-\,d\rho') + \int_r^{\infty} r'^2\,\varepsilon'\,\frac{r^2}{r'^2}\,(-\,d\rho')}{\displaystyle\int_0^{r}\frac{r'^3}{r^3}\,(-\,d\rho') + \int_r^{\infty}(-\,d\rho')} = \frac{1}{2}\cdot\frac{\omega^2\,r}{\frac{4}{3}\,\pi f\,.\,r\,\delta}\,r^2\,;$$

c'est au moyen de cette égalité que nous allons étudier la quantité ε.

Si nous faisons varier r entre zéro et R, rayon de la surface, l'expression $r^2\,\varepsilon$ prendra une série de valeurs. Soit pour $r = a$, $a^2\,\varepsilon_a$ la plus grande ; et pour $r = b$, $b^2\,\varepsilon_b$ la plus petite.

Je dis d'abord que ε_b ne peut être négatif. Car si ε_b était négatif, pour $r = b$, le second terme du premier membre serait positif ou négatif ; mais en admettant même qu'il fût positif, il serait certainement moindre que

$$\frac{3}{5}\,\frac{\displaystyle\int_0^{b}(-\,b^2\,\varepsilon_b)\,\frac{r'^3}{b^3}\,(-\,d\rho') + \int_b^{R}(-\,b^2\,\varepsilon_b)\cdot\frac{b^2}{r'^2}\,(-\,d\rho')}{\displaystyle\int_0^{b}\frac{r'^3}{b^3}\,(-\,d\rho') + \int_b^{R}(-\,d\rho')}\quad(*),$$

et à fortiori moindre que $\dfrac{3}{5}\,(-\,b^2\,\varepsilon_b)$.

Par conséquent, le premier membre dont le premier terme est négatif, et a pour valeur $b^2\,\varepsilon_b$, serait négatif lui-même, et ne pourrait être égal au second membre essentiellement positif pour toute valeur de r.

Ainsi ε reste toujours positif, r variant de zéro à R.

Dès lors on voit que, pour une valeur quelconque de r, $r^2\,\varepsilon$ est plus grand que le second membre, c'est-à-dire que

$$\varepsilon > \frac{1}{2}\cdot\frac{\omega^2\,r}{\frac{4}{3}\,\pi f\,.\,r\,\delta}\,,$$

(*) Le facteur $(-\,d\rho')$ qui entre dans ces intégrales est toujours positif de $r = 0$ à $r = R$; puis il est nul de $r = R$ à $r = \infty$.

c'est-à-dire la moitié du rapport de la force centrifuge de l'équateur à la gravité, pour le solide primitif, en admettant qu'il vienne de prendre la rotation angulaire ω, et ne se soit pas encore déformé (*).

Cherchons maintenant la limite supérieure de $r^2 \varepsilon$, et pour cela faisons $r = a$ dans l'égalité qui donne ε. Il viendra

$$a^2 \varepsilon_a = \frac{1}{2} \cdot \frac{\omega^2 a}{\frac{4}{3}\pi f a \delta_a} \cdot a^2 + \frac{3}{5} \frac{\displaystyle\int_0^a r'^2 \varepsilon' \cdot \frac{r'^3}{a^3}(-d\rho') + \int_a^R r'^2 \varepsilon' \cdot \frac{a^2}{r'^2}(-d\rho')}{\displaystyle\int_0^a \frac{r'^3}{a^3}(-d\rho') + \int_a^R (-d\rho')}$$

$$< \frac{1}{2} \cdot \frac{\omega^2 a}{\frac{4}{3}\pi f a \delta_a} \cdot a^2 + \frac{3}{5} \frac{\displaystyle\int_0^a a^2 \varepsilon_a \cdot \frac{r'^3}{a^3}(-d\rho') + \int_a^R a^2 \varepsilon_a \cdot \frac{a^2}{r'^2}(-d\rho')}{\displaystyle\int_0^a \frac{r'^3}{a^3}(-d\rho') + \int_a^R (-d\rho')}$$

$$< \frac{1}{2} \cdot \frac{\omega^2 a}{\frac{4}{3}\pi f a \delta_a} a^2 + \frac{3}{5} \cdot a^2 \varepsilon_a ,$$

et par conséquent

$$\frac{2}{5} a^2 \varepsilon_a < \frac{1}{2} \cdot \frac{\omega^2 a}{\frac{4}{3}\pi f a \delta_a} a^2 .$$

Donc pour cette valeur de r, $r = a$, qui rend $r^2 \varepsilon$ maximum, on a

$$\varepsilon_a < \frac{5}{4} \cdot \frac{\omega^2 a}{\frac{4}{3}\pi f a \delta_a} ,$$

et pour toute valeur de r plus grande que a, on a

$$\varepsilon r^2 < \varepsilon_a \cdot a^2 < \frac{5}{4} \cdot \frac{\omega^2 a}{\frac{4}{3}\pi f a \delta_a} \cdot a^2 < \frac{5}{4} \cdot \frac{\omega^2 r}{\frac{4}{3}\pi f r \delta} \cdot r^2 ,$$

car $\delta < \delta_a$; la densité moyenne δ décroît quand r augmente, de même que la densité ρ.

(*) La gravité primitive est $-\dfrac{dZ_a^\circ}{dr} = -\dfrac{4}{3}\pi f . r \delta$.

$$(54)$$

Ainsi on a un théorème analogue au précédent pour toute valeur de r supérieure à a ; et particulièrement pour $r = R$, c'est-à-dire pour la surface terrestre, on aura

$$\varepsilon_R > \frac{1}{2} \cdot \frac{\omega^2 R}{\frac{4}{3} \pi f . R . \delta_R},$$

$$\varepsilon_R < \frac{5}{4} \cdot \frac{\omega^2 R}{\frac{4}{3} \pi f . R . \delta_R}.$$

Maintenant je vais étudier la manière dont ε varie, quand on va du centre à la surface, c'est-à-dire quand r varie de zéro à R, et pour cela je cherche la valeur de $\frac{d\varepsilon}{dr}$.

L'équation en ε peut s'écrire, en la multipliant par $\frac{\delta}{r^2}$,

$$\delta \varepsilon = \frac{1}{2} \cdot \frac{\omega^2}{\frac{4}{3} \pi f} + \frac{3}{5} \left[\int_0^r \varepsilon' \frac{r'^5}{r^5} (-d\rho') + \int_r^\infty \varepsilon' (-d\rho') \right],$$

d'où, en différentiant,

$$\delta \frac{d\varepsilon}{dr} + \varepsilon \frac{d\delta}{dr} = -\frac{3}{r} \int_0^r \varepsilon' . \frac{r'^5}{r^5} (-d\rho');$$

or on a

$$\delta = \int_0^r \frac{r'^3}{r^3} (-d\rho') + \int_r^\infty (-d\rho'),$$

$$\frac{d\delta}{dr} = -\frac{3}{r} \int_0^r \frac{r'^3}{r^3} (-d\rho').$$

Substituons et tirons la valeur de $\frac{d\varepsilon}{dr}$, il viendra

$$\frac{d\varepsilon}{dr} = \frac{3}{r} \cdot \frac{\varepsilon}{\delta} \int_0^r \left(1 - \frac{r'^2 \varepsilon'}{r^2 \varepsilon} \right) \frac{r'^3}{r^3} (-d\rho').$$

Je dis que de cette équation il résulte que $\frac{d\varepsilon}{dr}$ est toujours positif, et par suite que ε croît toujours avec r.

En effet, d'après ce qui précède, ε est toujours positif ; donc $\frac{\varepsilon}{r\delta}$ est positif.

$r^2 \varepsilon$ s'annule évidemment pour $r = 0$, à cause de la valeur géométrique de ε ($r\varepsilon$ est la différence de deux lignes). Si donc on part de $r = 0$, $r^2 \varepsilon$ d'abord nul devient positif, et par conséquent croît, au moins jusqu'à ce que r ait atteint une certaine valeur a ; et jusqu'à cette valeur a, d'après l'équation précédente, on voit que $\frac{d\varepsilon}{dr}$ restera positif $\left(\frac{r'^2 \varepsilon'}{r^2 \varepsilon} \right.$ étant toujours plus petit que $\left. 1 \right)$, et par suite ε ira toujours en croissant.

Si donc ε ne va pas toujours en croissant avec r, de $r = 0$ à $r = R$, il y aura une certaine valeur de r, $r = b$ pour laquelle il atteindra un maximum, puis pour les valeurs supérieures de r il ira en décroissant ; et alors pour $r = b$ on aura

$$\frac{d\varepsilon}{dr} = 0 \ (^*).$$

et pour $r > b$ on aura dans un certain intervalle

$$\frac{d\varepsilon}{dr} < 0.$$

Mais faisons $r = b$, dans l'équation précédente ; nous avons

$$\left(\frac{d\varepsilon}{dr} \right)_b = \frac{3}{b} \cdot \frac{\varepsilon_b}{\delta_b} \int_0^b \left(1 - \frac{r'^2 \varepsilon'}{b^2 \varepsilon_b} \right) \frac{r'^2}{b^3} (- d\rho').$$

Or ε_b ne peut être nul ; b, δ_b ne peuvent être infinis. De zéro à b, on aura

$$\varepsilon' < \varepsilon_b, \quad r' < b.$$

Donc $1 - \frac{r'^2 \varepsilon'}{b^2 \varepsilon_b}$ est toujours positif, de même $\frac{r'^2}{b^3}$ et $(- d\rho')$. Donc $\left(\frac{dr}{d\varepsilon} \right)_b$ est positif et ne peut être nul.

Ainsi on ne peut supposer que ε cesse jamais de croître avec r.

D'un autre côté, je dis que $\frac{\varepsilon}{r^3}$ ira toujours en décroissant, r croissant de zéro à R.

$(^*)$ $\frac{d\varepsilon}{dr}$ ne peut passer par l'infini, ni être discontinu, d'après sa valeur même que nous avons ci-dessus.

En effet on a

$$\frac{d\left(\frac{\varepsilon}{r^3}\right)}{dr} = \frac{\varepsilon}{r^3}\left(\frac{\frac{d\varepsilon}{dr}}{\varepsilon} - \frac{3}{r}\right).$$

Et substituant la valeur de $\frac{d\varepsilon}{dr}$,

$$\frac{d\left(\frac{\varepsilon}{r^3}\right)}{dr} = \frac{\varepsilon}{r^3}\cdot\frac{3}{r.\delta}\left[\int_0^r\left(1 - \frac{r'^2\varepsilon'}{r^2\varepsilon}\right)\frac{r'^2}{r^3}(-d\rho') - \delta\right].$$

Et en mettant la valeur de δ dans la parenthèse, on peut écrire :

$$\frac{d\left(\frac{\varepsilon}{r^3}\right)}{dr} = -\frac{\varepsilon}{r^3}\cdot\frac{3}{r\delta}\left[\int_0^r \frac{r'^2\varepsilon'}{r^2\varepsilon}\cdot\frac{r'^3}{r^3}(-d\rho') + \int_r^\infty (-d\rho')\right],$$

quantité évidemment négative.

Ainsi, en résumé, ε toujours positif va en croissant avec r, mais moins rapidement que r^3. Du reste, nous avons deux limites qui le comprennent pour la surface terrestre.

Passons à l'étude de la constante t.

On a

$$\gamma\omega^4 = \frac{35}{64}b_2\omega^4 = \frac{3}{16}E^2(1+t) = \frac{3}{16}\varepsilon^2(1+t);$$

d'où

$$(1) \qquad b_2 = \frac{12}{35}\frac{\varepsilon^2}{\omega^4}(1+t).$$

Reprenons les équations en b_2 et a_1 :

$$(2) \qquad rb_2\frac{dZ_0^0}{dr} + r^2\cdot\frac{18}{35}a_1^2\cdot\frac{1}{2}\frac{d^2Z_0^0}{dr^2} + r\cdot\frac{18}{35}a_1\frac{dZ_1^1}{dr} + Z_2^2 = 0,$$

$$(3) \qquad ra_1\frac{dZ_0^0}{dr} + Z_1^1 = 0,$$

et l'équation qui détermine Z_2^2 (Ire partie), que nous écrirons

$$(4) \qquad Z_2^2 = \frac{4\pi f}{9} \left\{ \begin{array}{l} \displaystyle\int_0^{r'} \left[Z_2'^2 F_0''(U_0') + \frac{18}{35}(Z_1'^1)^2 \frac{F_0'''(U_0')}{2} \right] \frac{r'^6}{r'^3}\, dr' \\[2ex] + \displaystyle\int_r^\infty \left[Z_2'^2 F_0''(U_0') + \frac{18}{35}(Z_1'^1)^2 \frac{F_0'''(U_0')}{2} \right] \frac{r'}{r'^3}\, dr'. \end{array} \right\}$$

De l'équation (3), nous tirons

$$\frac{dZ_1^1}{dr} = - a_1 \frac{dZ_0^0}{dr} - r \frac{da_1}{dr}\frac{dZ_0^0}{dr} - r a_1 \frac{d^2 Z_0^0}{dr^2}.$$

Substituons dans (2), il viendra

$$(5) \qquad Z_2^2 = - r b_2 \frac{dZ_0^0}{dr} + \frac{9}{35} r^2 a_1^2 \frac{d^2 Z_0^0}{dr^2} + \frac{18}{35} r a_1^2 \frac{dZ_0^0}{dr} + \frac{18}{35} r^2 a_1 \frac{da_1}{dr}\frac{dZ_0^0}{dr},$$

ce qu'on peut écrire

$$(6) \qquad Z_2^2 = - r b_2 \frac{dZ_0^0}{dr} + \frac{9}{35} \frac{d}{dr}\left[r^2 a_1^2 \frac{dZ_0^0}{dr} \right].$$

Quant aux fonctions F_0'', F_0''' elles sont déterminées par l'équation

$$\rho = F_0'(U_0),$$

d'où

$$F_0''(U_0) = \frac{\dfrac{d\rho}{dr}}{\dfrac{dZ_0^0}{dr}}, \qquad F_0'''(U_0) = \frac{\dfrac{dZ_0^0}{dr}\dfrac{d^2\rho}{dr^2} - \dfrac{d\rho}{dr}\dfrac{d^2 Z_0^0}{dr^2}}{\left(\dfrac{dZ_0^0}{dr}\right)^3}.$$

Et par conséquent on aura

$$Z_2^2 F_0''(U_0) + \frac{18}{35}(Z_1^1)^2 \frac{F_0'''(U_0)}{2} = - r b_2 \frac{d\rho}{dr} + \frac{9}{35} r^2 a_1^2 \frac{\dfrac{d^2 Z_0^0}{dr^2}}{\dfrac{dZ_0^0}{dr}}\frac{d\rho}{dr}$$

$$+ \frac{18}{35} r a_1^2 \frac{d\rho}{dr} + \frac{18}{35} r^2 a_1 \frac{da_1}{dr}\frac{d\rho}{dr} + \frac{9}{35} r^2 a_1^2 \left(\frac{d^2\rho}{dr^2} - \frac{\dfrac{d^2 Z_0^0}{dr^2}}{\dfrac{dZ_0^0}{dr}}\frac{d\rho}{dr} \right),$$

ou encore

$$(7) \qquad Z_2^2 F_0''(U_0) + \frac{18}{35}(Z_1^1)^2 \frac{F_0'''(U_0)}{2} = - r b_2 \frac{d\rho}{dr} + \frac{9}{35} \frac{d}{dr}\left[r^2 a_1^2 \frac{d\rho}{dr} \right].$$

8

Substituons ces valeurs (6) et (7) dans l'égalité (4), remplaçons b_2 par sa valeur $\frac{12}{35}\frac{\varepsilon^2}{\omega^4}(1+t)$, et a_1 par sa valeur $-\frac{2}{3}\frac{\varepsilon}{\omega^2}$; puis multiplions par $\frac{35}{12}\omega^4$, nous aurons enfin

$$(8)\quad \begin{cases} -r\frac{dZ_0^0}{dr}\varepsilon^2(1+t)+\frac{1}{3}\frac{d}{dr}\left[r^2\varepsilon^2\frac{dZ_0^0}{dr}\right] \\[2mm] =\dfrac{4\pi f}{9}\left\{ \begin{array}{l} +\displaystyle\int_0^r\left[-r'\frac{d\rho'}{dr'}\varepsilon'^2(1+t')\right]\frac{r'^6}{r^5}dr'+\int_r^\infty\left[-r'\frac{d\rho'}{dr'}\varepsilon'^2(1+t')\right]\frac{r^4}{r'^3}dr'. \\[3mm] +\displaystyle\int_0^r\frac{1}{3}\frac{d}{dr'}\left[r'^2\varepsilon'^2\frac{d\rho'}{dr'}\right]\frac{r'^6}{r^5}dr'+\int_r^\infty\frac{1}{3}\frac{d}{dr'}\left[r'^2\varepsilon'^2\frac{d\rho'}{dr'}\right]\frac{r^4}{r'^3}dr'. \end{array}\right. \end{cases}$$

Cette équation peut se simplifier. Intégrons par parties les deux derniers termes du second membre; nous avons

$$\int_0^r\frac{1}{3}\frac{d}{dr'}\left[r'^2\varepsilon'^2\frac{d\rho'}{dr'}\right]\frac{r'^6}{r^5}dr'+\int_r^\infty\frac{1}{3}\frac{d}{dr'}\left[r'^2\varepsilon'^2\frac{d\rho'}{dr'}\right]\frac{r^4}{r'^3}dr'$$

$$=\left(\frac{1}{3}r'^2\varepsilon'^2\frac{d\rho'}{dr'}\frac{r'^6}{r^5}\right)_0^r+\left(\frac{1}{3}r'^2\varepsilon'^2\frac{d\rho'}{dr'}\cdot\frac{r^4}{r'^3}\right)_r^\infty$$

$$-\frac{6}{3}\int_0^r r'^2\varepsilon'^2\frac{d\rho'}{dr'}\cdot\frac{r'^5}{r^5}dr'+\frac{3}{3}\int_r^\infty r'^2\varepsilon'^2\frac{d\rho'}{dr'}\cdot\frac{r^4}{r'^4}dr'.$$

Les deux premiers termes du second membre donnent une somme nulle. Car la première parenthèse s'annule évidemment pour $r'=0$, à cause des facteurs r'; la seconde parenthèse s'annule aussi pour $r'=\infty$, à cause du facteur $\frac{d\rho'}{dr}$, nul dès que $r'>R$. Et enfin les deux parenthèses prennent la même valeur pour $r'=r$, et se détruisent, puisque ces deux valeurs correspondant à r doivent être prises avec des signes contraires.

Substituons donc ce résultat dans l'égalité (8) et en même temps remplaçons $\frac{dZ_0^0}{dr}$ par sa valeur

$$\frac{dZ_0^0}{dr}=-\frac{4}{3}\pi f.r\delta,$$

il viendra

$$(9)\quad \begin{cases} \dfrac{4\pi f}{3}r^2\varepsilon^2\delta(1+t)-\dfrac{4\pi f}{9}\dfrac{d}{dr}(r^3\varepsilon^2\delta) \\[3mm] =\dfrac{4\pi f}{9}\left[\displaystyle\int_0^r r'^2\varepsilon'^2(3+t')\frac{r'^5}{r^4}(-d\rho')+\int_r^\infty r'^2\varepsilon'^2 t'\frac{r^4}{r'^4}(-d\rho')\right]. \end{cases}$$

Or, d'après les équations qui se rapportent à ε,

$$\frac{d}{dr}\left[r^3.\varepsilon^2.\eth\right] = 3r^2\,\varepsilon^2.\eth + r^3\,\varepsilon.\frac{d(\varepsilon\eth)}{dr} + r^3\,\varepsilon\eth.\frac{d.\eth}{dr}$$

$$= 3r^2\,\varepsilon^2\,\eth - 3r^2\,\varepsilon\int_0^r \varepsilon'\frac{r'^3}{r^3}(-d\rho') + 3r^2\,\varepsilon^2\int_0^r\left(1-\frac{r'^2\,\varepsilon'}{r^2\,\varepsilon}\right)\frac{r'^3}{r^3}(-d\rho').$$

Substituons, faisons les réductions, et multiplions par $\dfrac{3}{4\pi f}$; nous arriverons à

$$(10)\quad \left\{ \begin{aligned} r^2\,\varepsilon^2\,\eth t &= \int_0^r \frac{1}{r^2}(r^2\varepsilon - r'^2\varepsilon')^2\frac{r'^3}{r^3}(-d\rho')\\[2mm] &+ \frac{1}{3}\left[\int_0^r r'^2\varepsilon'^2\,t'.\frac{r'^3}{r^3}(-d\rho') + \int_r^\infty r'^2\varepsilon'^2\,t'.\frac{r^4}{r'^4}(-d\rho')\right]. \end{aligned}\right.$$

Voilà l'équation qui nous servira à étudier la constante t.

En la multipliant par $\dfrac{r^2}{\varepsilon^2\eth}$, et remplaçant $\eth$ par sa valeur, on peut la mettre sous la forme

$$tr^4 - \frac{1}{3}\,\frac{\displaystyle\int_0^r \frac{\varepsilon'^2}{\varepsilon^2}.t'\,r'^4.\frac{r'^3}{r^3}(-d\rho') + \int_r^\infty \left(\frac{\varepsilon'\,r^3}{\varepsilon\,r'^3}\right)^2.t'\,r'^4.(-d\rho')}{\displaystyle\int_0^r \frac{r'^3}{r^3}(-d\rho') + \int_r^\infty (-d\rho')} = r^4\,\frac{\displaystyle\int_0^r\left(1-\frac{r'^2\varepsilon'}{r^2\varepsilon}\right)^2\frac{r'^3}{r^3}(-d\rho')}{\displaystyle\int_0^r \frac{r'^3}{r^3}(-d\rho') + \int_r^\infty (-d\rho')}.$$

De là nous concluons, comme précédemment, que tr^4, et par suite t, est positif pour toute valeur de r.

En effet, de zéro à r, $r' < r$; donc

$$\frac{\varepsilon'}{\varepsilon} < 1;$$

de r à R, $r' > r$; donc

$$\frac{\varepsilon'\,r^3}{\varepsilon\,r'^3} = \frac{\dfrac{\varepsilon'}{r'^3}}{\dfrac{\varepsilon}{r^3}} < 1.$$

Par conséquent si tr^4 pouvait devenir négatif, pour la valeur de r rendant tr^4 négatif, et maximum en valeur absolue, le second terme du premier membre de l'égalité serait négatif, ou, en admettant même qu'il fût positif, il serait moindre que $\frac{1}{3}(-tr^4)$. Par conséquent le premier terme donnerait son signe au premier membre de l'égalité; ce qui est absurde, puisque le second membre est essentiellement positif.

Ainsi, pour toute valeur de r, et quelle que soit la loi des densités, $t > 0$; et on peut même ajouter, d'après cela, que pour toute valeur de r on a

$$t > \frac{\displaystyle\int_0^r \left(1 - \frac{r'^2 \varepsilon'}{r^2 \varepsilon}\right)^2 \frac{r'^3}{r^3}(-d\rho')}{\displaystyle\int_0^r \frac{r'^3}{r^3}(-d\rho') + \int_r^\infty (-d\rho')}.$$

Maintenant soit a la valeur de r, qui rend tr^4 maximum, il sera facile de conclure de l'égalité précédente, en y faisant $r = a$,

$$t_a\, a^4 - \frac{1}{3}\, t_a\, a^4 < a^4 \frac{\displaystyle\int_0^a \left(1 - \frac{r'^2 \varepsilon'}{a^2 \varepsilon_a}\right)^2 \frac{r'^3}{a^3}(-d\rho')}{\displaystyle\int_0^a \frac{r'^3}{a^3}(-d\rho') + \int_a^\infty (-d\rho')},$$

et par conséquent

$$t_a\, a^4 < \frac{3a}{2}\, \frac{\displaystyle\int_0^a \left(1 - \frac{r'^2 \varepsilon'}{a^2 \varepsilon_a}\right)^2 r'^3 (-d\rho')}{\displaystyle\int_0^a \frac{r'^3}{a^3}(-d\rho') + \int_a^\infty (-d\rho')}.$$

De là il résulte que pour une valeur quelconque de r plus grande que a, on aura

$$tr^4 < t_a\, a^4 < \frac{3a}{2}\, \frac{\displaystyle\int_0^a \left(1 - \frac{r'^2 \varepsilon'}{a^2 \varepsilon_a}\right)^2 r'^3(-d\rho')}{\displaystyle\int_0^a \frac{r'^3}{a^3}(-d\rho') + \int_a^\infty (-d\rho')} < \frac{3r}{2}\, \frac{\displaystyle\int_0^r \left(1 - \frac{r'^2 \varepsilon'}{r^2 \varepsilon}\right)^2 r'^3(-d\rho')}{\displaystyle\int_0^r \frac{r'^3}{r^3}(-d\rho') + \int_r^\infty (-d\rho')}.$$

La dernière inégalité résulte de ce qu'en passant du premier au second de ses membres, on augmente les deux facteurs de son numérateur, et on diminue son dénominateur (*).

Par conséquent, pour toute valeur de r supérieure à a, on a

$$t < \frac{3}{2} \cdot \frac{\displaystyle\int_0^r \left(1 - \frac{r'^2 \varepsilon'}{r^2 \varepsilon}\right)^2 \frac{r'^3}{r^3} (- d\rho')}{\displaystyle\int_0^r \frac{r'^3}{r^3} (- d\rho') + \int_r^\infty (- d\rho')}$$

Ces deux limites de t s'appliqueront tout particulièrement à la surface, et nous en conclurons à fortiori les deux suivantes :

$$t > 0, \quad t < \frac{3}{2}.$$

On peut démontrer, sur la loi des variations de t, des théorèmes analogues à ceux que nous avons démontrés pour ε, mais beaucoup plus compliqués, et qui ne nous mèneraient à aucun résultat utile. Nous les laisserons complétement de côté.

***

Nous venons de déterminer le signe des constantes ε et t, et de trouver des limites qui les comprennent certainement, quel que soit le mode de variation de la densité dans l'intérieur de la Terre. Il nous reste à resserrer ces limites, et à déterminer les valeurs probables de ces quantités pour la surface terrestre. Et pour cela nous suivrons la marche suivante : Nous prendrons différentes lois simples de densités ; nous déterminerons les con-

---

(*) On a

$$\frac{d}{dr} \int_0^r \left(1 - \frac{r'^2 \varepsilon'}{r^2 \varepsilon}\right)^2 r'^3 (- d\rho) = 2 \frac{\dfrac{d(r^2\varepsilon)}{dr}}{r^2 \varepsilon} \int_0^r \left(1 - \frac{r'^2 \varepsilon'}{r^2 \varepsilon}\right) \frac{r'^2 \varepsilon'}{r^2 \varepsilon} r'^3 (- d\rho'),$$

$$\frac{d}{dr} \left[\int_0^r \frac{r'^3}{r^3} (- d\rho') + \int_r^\infty (- d\rho') \right] = \frac{d\delta}{dr} = - \frac{3}{r} \int_0^r \frac{r'^3}{r^3} (- d\rho').$$

stantes ε et ι correspondantes à ces lois, et nous verrons lequel de ces résultats nous paraîtra le plus conforme aux idées que l'on se fait sur la constitution de la Terre, et aux données que l'on possède déjà sur ce sujet.

Un des résultats principaux sur lesquels je m'appuierai, est le rapport de sa densité à la surface à sa densité moyenne. J'admettrai que ce rapport est $\frac{1}{2}$. Si l'on prend les différentes roches éruptives qui paraissent former l'écorce solide de notre globe, on voit que leur densité varie de 2,64-2,66 (granites, porphyres, et roches analogues) à 2,95-2,96 (diorites, mélaphyres, basaltes, etc.). Les dépôts sédimentaires, d'une moins grande importance, parce qu'ils s'étendent sur une portion très-faible du rayon terrestre, ont encore une densité 2,2 à 2,4; et d'ailleurs ils ne devaient pas exister à cette époque de fluidité primitive, à laquelle nous considérons le globe. D'un autre côté, on sait que les expériences les plus dignes de foi s'accordent pour donner à la Terre une densité moyenne de 5,0-5,4-5,5. On voit donc que le résultat que j'indique est exact au même point que les expériences qni lui servent de base (*).

On pourrait objecter que je ne tiens pas compte de l'eau qui recouvre une grande partie de la surface terrestre, et de l'atmosphère qui l'entoure. Mais l'eau de la mer, répandue uniformément sur toute la surface du globe, occuperait une épaisseur qui, d'après tout ce l'on sait, ne dépasserait pas 6300 mètres, c'est-à-dire le millième du rayon terrestre. Il est donc probable que l'influence de la moins grande densité de cette première couche ne s'étendrait pas au delà du troisième chiffre de ε ou de ι (**); et certes nous ne prétendons pas trouver trois chiffres exacts pour ces quantités, par les considérations un peu vagues qui suivent.

Quant à l'atmosphère, dont la masse équivaut à une épaisseur de $10^{\mathrm{m}},33$ d'eau, son influence est à fortiori tout à fait négligeable.

(*) Tout autre rapport plus petit pourrait encore être admis, et avec plus de certitude; car à la surface la densité descend brusquement jusqu'à o. Mais plus on augmente ce rapport, plus on resserre les limites qui comprennent ε et ι; et j'ai cru que le nombre $\frac{1}{2}$ pouvait être admis sans nuire à la rigueur.

(**) Cela se voit assez bien, et pourrait au besoin se démontrer au moyen des équations qui déterminent ε et ι.

Ainsi désormais nous admettrons que nous cherchons ε et t pour un fluide, dont la densité moyenne est double de la densité à la surface.

Cette égalité $\delta = 2\,\rho$ peut s'écrire, en se reportant à la valeur de δ,

$$\int_0^R \frac{r'^3}{R^3}\,(-\,d\rho') = \int_R^\infty (-\,d\rho').$$

Les limites que nous avons trouvées pour ε

$$\frac{1}{2}\,\frac{\omega^2 R}{\frac{4}{3}\pi f R\,\delta_R}\,, \qquad \frac{5}{4}\,\frac{\omega^2 R}{\frac{4}{3}\pi f R\,\delta_R}\,,$$

se rapportent, la première au cas où toute la masse serait réunie au centre, et la deuxième au cas où elle serait uniformément répartie dans tout le volume (ainsi qu'il est facile de s'en assurer en faisant ces hypothèses dans l'équation qui donne ε). Ces deux lois sont les deux lois extrêmes que l'on puisse admettre pour les densités, et les valeurs de t qui leur corres- pondent sont $t = 1$ quand la masse est réunie au centre, et $t = 0$ pour le cas de l'homogénéité.

Dans ce qui suit, je prends différentes lois de variations de ρ, et je calcule les valeurs de ε et de t correspondantes. Dans la valeur de ε, je ne consi- dère que le coefficient de $\dfrac{\omega^2 R}{\frac{4}{3}\pi f R\,\delta_R}$, que je représente par la lettre ν. Je ne développe pas les calculs qui ne présentent aucune difficulté en se ser- vant des équations en ε et t, et se rappelant qu'elles n'admettent qu'une solution (*). Je me contente d'écrire les résultats.

(*) Pour calculer la valeur de t, il faut d'abord prendre l'équation en $\dfrac{d\varepsilon}{dr}$, et en tirer les limites du rapport $\dfrac{r\,\dfrac{d\varepsilon}{dr}}{\varepsilon}$. C'est ce rapport qui détermine le mode de variation de la quan- tité $\dfrac{\varepsilon'}{\varepsilon}$ qui entre dans la valeur de t.

I.

Nous avons déjà trouvé, pour le cas de la masse réunie au centre, et

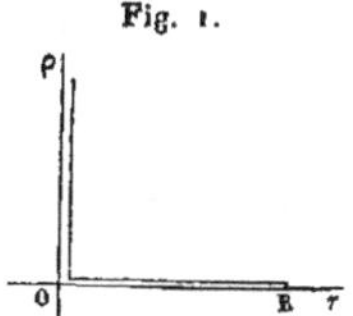

Fig. 1.

$\rho_{\mathrm{R}} = 0$ (*fig*. 1), les valeurs

$$v = 0{,}50, \quad t = 1{,}00.$$

II.

Pour les cas de $\rho = \rho_{\mathrm{R}} = {}_2\partial_{\mathrm{R}}$, de $r = \mathrm{R}$ jusqu'à $r = 0$, et du reste de la

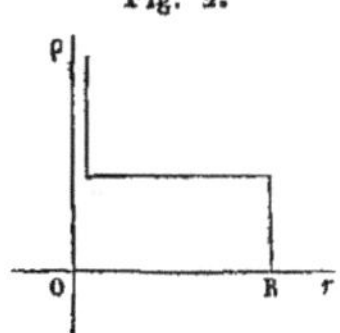

Fig. 2.

masse réunie au centre, cas extrême en admettant $\rho_{\mathrm{R}} = \frac{1}{2}\partial_{\mathrm{R}}$ (*fig*. 1); on a

$$v = 0{,}71, \quad t = 0{,}60.$$

III.

Supposons (*fig*. 3) que la densité varie comme une certaine puissance

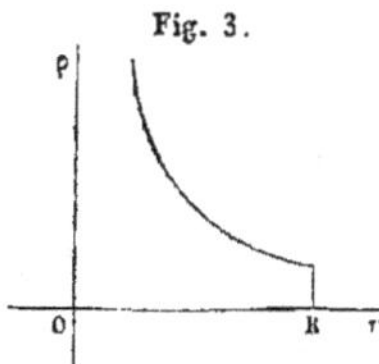

Fig. 3.

du rayon, nécessairement négative

$$\rho = A \, r^{-n} = \rho_R \, \frac{R^n}{r^n};$$

ce qui, en admettant que $\rho_R = \frac{1}{2} \delta_R$, nous conduira à poser $n = 1,50$, on trouvera

$$v = 0,85, \quad t = 0,32.$$

IV.

Supposons (*fig.* 4) que la densité varie suivant la loi simple $\rho' = A - K r$,

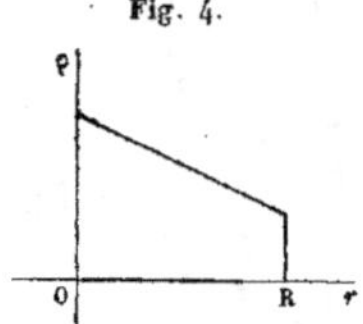
Fig. 4.

auquel cas la condition $\rho_R = \frac{1}{2} \delta_R$ déterminera A et K de la manière suivante :

$$\rho = \rho_R \left(5 - 4 \frac{r}{R} \right),$$

on trouvera

$$v = 1,00, \quad t = 0,12.$$

V.

Prenons pour loi des densités $\rho = A - K r^2$ (*fig.* 5), c'est-à-dire supposons

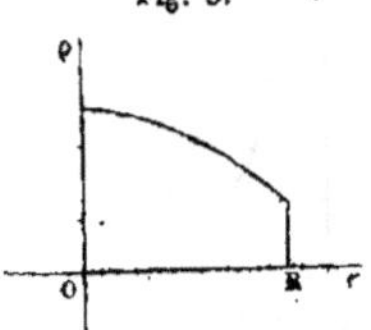
Fig. 5.

9

que vers le centre la densité ne varie plus sensiblement avec r. La condition $\delta_R = 2\rho_R$ déterminera A et K,

$$\rho = \rho_R \left(\frac{7}{2} - \frac{5}{2} \frac{r^2}{R^2} \right);$$

et on trouve

$$\nu = 1,03, \quad t = 0,09 \, (^*).$$

On trouverait à très-peu près le même résultat dans le cas où on prendrait pour loi des densités

$$\rho = A \, \frac{\sin nr}{nr}.$$

Ce cas, déjà considéré par Laplace, offre cela de remarquable que les intégrations peuvent se faire sous forme finie aussi bien pour t que pour ε. Mais les formules sont trop compliquées pour présenter de l'intérêt.

VI.

Je placerai en dernier lieu le cas de l'homogénéité (*fig*. 6).

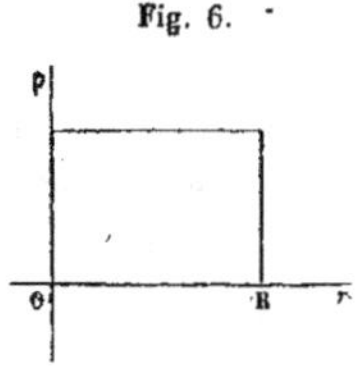

Fig. 6.

$$\rho = C$$

dans toute la masse. Dans ce cas, d'après ce qui précède, on a

$$\nu = 1,25, \quad t = 0,00.$$

(*) Tous ces nombres n'ont pu être déterminés exactement. Mais la plupart sont exacts à 0,01 près ; et ceux sur lesquels il y a le plus d'incertitude sont encore exacts à 0,02 en plus ou en moins.

Voyons quel est celui de ces cas que l'on peut admettre probablement pour la Terre. Les cas I et II sont des cas extrêmes inadmissibles. La masse est beaucoup trop reportée au centre.

Déjà dans le cas III, où la densité est infinie au centre, on voit que ce défaut subsiste encore notablement. Le cas IV suppose une variation uniforme de la surface au centre ; nous n'avons rien à dire ni pour, ni contre. Le cas V suppose que la variation de la densité est nulle vers le centre. La densité au centre y est $\frac{7}{2}\rho_R$, ou $1,75\ \delta_R$, c'est-à-dire 10 environ. Cette densité de 10 seulement est peu admissible quand nous voyons un certain nombre de corps venant de l'intérieur présenter des densités notablement plus fortes, quelquefois doubles. Le cas VI est enfin un autre cas extrême opposé aux deux premiers, et qui certainement ne se présente pas pour la Terre.

Ainsi les valeurs de v et de t, certainement comprises entre celles qui se rapportent aux cas II et VI, peuvent même se resserrer avec un grand degré de probabilité entre celles qui se rapportent aux cas III et V, c'est-à-dire entre

III $\qquad\qquad v = 0,85, \quad t = 0,32,$

V $\qquad\qquad v = 1,03, \quad t = 0,09.$

Mais une autre considération va donner une beaucoup plus grande certitude à ces déterminations. L'aplatissement de la Terre a été l'objet d'un très-grand nombre de mesures, et les procédés les plus divers se sont accordés à lui donner une valeur de $\frac{1}{295}$ à $\frac{1}{300}$ en moyenne. D'ailleurs le rapport de la force centrifuge à la gravité pour la sphère terrestre primitive a été aussi très-bien déterminé et fixé après correction entre $\frac{1}{289}$ et $\frac{1}{291}$. D'après cela la valeur de v pour la Terre est probablement de $0,96$ à $0,98$; et on peut à peu près affirmer qu'elle est $0,97$, à moins de $0,02$ d'erreur.

Si nous intercalons cette valeur de v au milieu de celles que nous possédons déjà, nous verrons par comparaison que la valeur de t doit être fixée à

$$t = 0,15.$$

Et si l'on veut avoir une idée du degré de probabilité de cette valeur de t, on n'a qu'à voir la simplicité de la loi qui lie t et v, au moins pour les lois simples de densités que nous avons choisies.

Ainsi je dresse un tableau de comparaison entre les différentes valeurs de t, et celles de la fonction très-simple $2(v'-v)^2$, v' étant la valeur extrême $1,25$ correspondant à $t=0$.

v	t	$2(v'-v)^2$	$t-2(v'-v)^2$	$\dfrac{t-2(v'-v)^2}{t}$
0,50	1	1,125	$-$ 0,125	$-$ 0,125
0,71	0,60	0,583	$+$ 0,017	$+$ 0,03
0,85	0,32	0,320	$+$ 0,00	$+$ 0,00
1,00	0,12	0,125	$-$ 0,005	$-$ 0,04
1,03	0,09	0,097	$-$ 0,007	$-$ 0,08
1,25	0,00	0,00	0,00	0,00

On voit donc que cette valeur empirique $2(v'-v)^2$ pour les cinq derniers cas ne diffère de la valeur réelle que de $0,01$ à $0,02$ au plus, et que l'erreur relative n'atteint jamais $0,1$ en plus ou en moins.

Appliquée pour $v=0,97$, elle donne

$$t=0,157.$$

Ainsi je crois qu'en fixant t pour la Terre à $t=0,15$, on peut espérer ne pas différer de la vérité de plus de $0,02$ en plus ou en moins; et que, dans tous les cas, il y a une très-grande probabilité pour que t soit compris entre $0,20$ et $0,10$.

Maintenant nous pouvons évaluer l'influence de t sur la figure de la Terre, et sur les formules qui s'y rapportent.

Ainsi prenons l'équation du méridien terrestre

$$r=\rho_0\left[1-\frac{1}{2}\,\mathrm{E}\cos 2\theta+\frac{1}{16}\,\mathrm{E}^2(3+3t)\cos 4\theta+\ldots\right].$$

Nous verrons que l'influence de t se réduit en définitive à un aplatissement de l'ellipsoïde terrestre vers le parallèle de 45°, et que la dépression totale du parallèle de 45°, comparé au pôle et à l'équateur, est de $\frac{3}{8} E^2 t \rho_0$; c'est-à-dire en appliquant les valeurs précédentes $4^m,50$ probablement, et dans tous les cas plus de 3 mètres et moins de 6 mètres. Ainsi cette influence peut bien être regardée comme nulle.

Si l'on prend les formules diverses que l'on emploie dans les questions pratiques sur la figure de la Terre, celles sur lesquelles nous trouverons la plus grande influence de t seront les valeurs de l'aplatissement E, déduites des comparaisons de degrés de méridien, ou de degrés de méridien et de degrés de parallèles.

Si on met l'aplatissement E sous la forme de $\frac{1}{N}$, N étant un certain nombre qui, d'après les mesures faites, est voisin de 300, nous trouverons que les valeurs de N, déduites de ces comparaisons, seront :

Degrés de méridien, α et α',

$$N_{\alpha,\alpha'} = N + \frac{15}{4} t (\cos 2\alpha + \cos 2\alpha'):$$

Degré de méridien et degré de parallèle α,

$$N_{\alpha} = N + \frac{1}{2} t (6 + 9 \cos 2\alpha).$$

L'influence de t sur ces nombres ne peut jamais dépasser $\frac{15}{2} t$ en plus ou en moins, c'est-à-dire de $0,75$ à $1,50$, et probablement $1,125$.

Or les différents nombres $N_{\alpha,\alpha'}$, N_{α} déduits des mesures de degrés terrestres présentent des différences d'un tout autre ordre, et assez fortes pour qu'on ne puisse connaître leur valeur moyenne N avec une approximation plus grande que $4,5$ en plus ou en moins. Il faut donc attendre que les expériences soient quatre fois plus précises et plus concordantes pour que la valeur de t puisse en sortir et être mise par elles en évidence.

<hr>

Il y a une autre quantité que l'on a mesurée avec soin sur la surface terrestre, et dont on a cherché à déduire la forme de la Terre. C'est la longueur du pendule à secondes, ou, ce qui revient au même, la gravité qui lui est proportionnelle.

La valeur générale de la gravité, c'est-à-dire de la résultante de toutes les actions qui sollicitent une molécule $(x, y, z$ ou $r, \theta, \psi)$, est

$$g = \sqrt{\left(\frac{dU}{dx}\right)^2 + \left(\frac{dU}{dy}\right)^2 + \left(\frac{dU}{dz}\right)^2} = \sqrt{\left(\frac{dU}{dr}\right)^2 + \frac{1}{r^2}\left(\frac{dU}{d\theta}\right)^2},$$

ou bien, en développant, et remarquant que $\frac{dU}{dr}$ est négatif,

$$g = \left(-\frac{dU}{dr}\right) + \frac{\left(\frac{dU}{d\theta}\right)}{2\,r^2\left(-\frac{dU}{dr}\right)} + \ldots$$

Le développement limité à ω^4 se réduit à ces deux termes, car $\frac{dU}{d\theta}$ est de l'ordre de ω^2.

Substituons le développement de U, et il viendra

$$g = -\frac{dZ_0^0}{dr} - \frac{dZ_0^1}{dr}\left|\omega^2 \quad -\frac{dZ_0^2}{dr}\right|\omega^4 + \ldots$$
$$-\frac{dZ_1^1}{dr}Q_1 \qquad\quad -\frac{dZ_1^2}{dr}Q_1$$
$$-\frac{dZ_2^2}{dr}Q_2$$
$$+\frac{(Z_1^1)^2}{2\,r^2\left(-\frac{dZ_0^0}{dr}\right)}\left(\frac{dQ_1}{d\theta}\right)^2$$

Dans ce qui va suivre, je ne considérerai que les points situés à la surface de la Terre, et ceux situés au dehors (de sorte que le résultat s'applique par exemple à l'action de la Terre sur la Lune). Alors il est facile de voir que dans toutes les équations qui déterminent Z_0^0, Z_0^1, la seconde intégrale de r à ∞ disparaît, puisque $(-d\rho')$ est nul dans tout cet intervalle; et, pour la même raison, on peut prendre o et R pour limites fixes de la première intégrale, au lieu de o et r.

Alors on a, les quantités A représentant des constantes,

$$Z_0^0 = \frac{A_0^0}{r}; \quad Z_0^1 = \frac{A_0^1}{r} + \frac{r^2}{3}; \quad Z_1^1 = \frac{A_1^1}{r^2} - \frac{r^2}{3};$$

$$Z_0^2 = \frac{A_0^2}{r}; \quad Z_1^2 = \frac{A_1^2}{r^3}; \quad Z_2^2 = \frac{A_2^2}{r^4}; \ldots \ldots$$

Et de ces équations on déduit

$$\frac{d Z_0^0}{dr} = -\frac{Z_0^0}{r}; \quad \frac{d^2 Z_0^0}{dr^2} = \frac{1.2}{r^2} Z_0^0; \quad \frac{d^3 Z_0^0}{dr^3} = -\frac{1.2.3}{r^3} Z_0^0;$$

$$\frac{d Z_0^1}{dr} = -\frac{1}{r} Z_0^1 + r; \quad \frac{d^2 Z_0^1}{dr^2} = \frac{1.2}{r^2} Z_0^1;$$

$$\frac{d Z_1^1}{dr} = -\frac{3}{r} Z_1^1 - \frac{5r}{3}; \quad \frac{d^2 Z_1^1}{dr^2} = \frac{3.4}{r^2} Z_1^1 + \frac{10}{3};$$

$$\frac{d Z_0^2}{dr} = -\frac{1}{r} Z_0^2; \quad \frac{d Z_1^2}{dr} = -\frac{3}{r} Z_1^2; \quad \frac{d Z_2^2}{dr} = -\frac{5}{r} Z_2^2.$$

Maintenant il faut remarquer que, dans la valeur de g, r représente le rayon vecteur vrai se rapportant au point considéré.

Pour pouvoir mieux établir la loi de variation de g sur une même couche de niveau, et en particulier sur la surface de la Terre, je remplacerai r par sa valeur en r_0, rayon primitif correspondant à la couche considérée, et μ, cosinus de l'angle polaire.

Cette valeur est

$$r = r_0 \left\{ \begin{array}{l} 1 + a_0 \\ + a_1 Q_1 \end{array} \left| \begin{array}{l} \omega^2 + b_0 \\ + b_1 Q_1 \\ + b_2 Q_2 \end{array} \right| \begin{array}{l} \omega^4 + \ldots \end{array} \right\} ,$$

Alors un terme de g, tel que $-\dfrac{d Z_0^0}{dr}$, deviendra

$$-\frac{d Z_0^0}{dr} = \left(-\frac{d Z_0^0}{dr} \right)_0 - \left(\frac{d^2 Z_0^0}{dr^2} \right)_0 r_0 a_0 \ \left| \ \omega^2 - \left(\frac{d^2 Z_0^0}{dr^2} \right)_0 r_0 b_0 \ \right| \ \omega^4 \ldots$$

$$- \left(\frac{d^2 Z_0^0}{dr^2} \right)_0 r_0 a_1 Q_1 \ \left| \ - \left(\frac{d^2 Z_0^0}{dr^2} \right)_0 r_0 b_1 Q_1 \right.$$

$$- \left(\frac{d^2 Z_0^0}{dr^2} \right)_0 r_0 b_2 Q_2$$

$$- \left(\frac{d^3 Z_0^0}{dr^3} \right)_0 \frac{r_0^2 a_0^2}{2}$$

$$- \left(\frac{d^3 Z_0^0}{dr^3} \right)_0 r_0^2 a_0 a_1 Q_1$$

$$- \left(\frac{d^3 Z_0^0}{dr^3} \right)_0 \frac{r_0^2 a_1^2 Q_1^2}{2}$$

Faisons de même pour tous les termes de g, de manière à ne conserver pour variables que r_0 et μ; puis remplaçons Q_1^2 et $\left(\dfrac{dQ_1}{d\theta}\right)^2$ par leurs valeurs en Q_1 et Q_2.

$$Q_1^2 = \left(\frac{3\mu^2 - 1}{2}\right)^2 = \frac{18}{35}Q_2 + \frac{2}{7}Q_1 + \frac{1}{5},$$

$$\left(\frac{dQ_1}{d\theta}\right)^2 = 9\mu^2(1 - \mu^2) = -\frac{72}{35}Q_2 + \frac{6}{7}Q_1 + \frac{6}{5}.$$

Puis dans l'expression ainsi obtenue ramenons les diverses dérivées des fonctions Z_0^1, Z_1^1, Z_0^2, Z_1^2, Z_2^2, aux fonctions mêmes, au moyen des équations de la page précédente.

Eliminons ces fonctions mêmes, d'abord Z_0^2, Z_1^2, Z_2^2, et ensuite Z_0^1, Z_1^1 au moyen des équations qui les lient aux quantités a_0, a_1, b_0, b_1, b_2 (voyez le commencement de la IIe Partie). Enfin ramenons les diverses dérivées de Z_0^0, ainsi que Z_0^0, à $\dfrac{dZ_2^0}{dr}$, au moyen des équations de la page précédente. Nous arriverons finalement (*) à une valeur de g ne contenant plus que les variables μ, et les constantes r_0, a_0, a_1, b_0, b_1, b_2, et $g_0 = -\dfrac{dZ_0^0}{dr}$, valeur qui pourra s'écrire

$$g = g_0 \left\{ \begin{aligned} &1 - \left(a_0 + \frac{r_0}{g_0}\right) \left| \omega^2 - \left(b_0 - a_0^2 + \frac{4}{5}a_1^2 + a_0\frac{r_0}{g_0} + \frac{1}{3}a_1\frac{r_0}{g_0}\right) \right. \right| \omega^4 + \ldots \\ &+ \left(a_1^2 + \frac{5}{3}\frac{r_0}{g_0}\right)Q_1 \left| + \left(b_1 - 5a_0a_1 + \frac{18}{7}a_1^2 + \frac{5}{3}a_0\frac{r_0}{g_0} - \frac{53}{31}a_1\frac{r_0}{g_0}\right)Q_1 \right. \\ &\qquad\qquad\qquad + \left(3b_2 - \frac{18}{35}a_1^2 + \frac{18}{7}a_1\frac{r_0}{g_0}\right)Q_2 \end{aligned} \right.$$

ou bien encore, en remplaçant Q_1 et Q_2 par leurs valeurs en $\cos 2\theta$ et $\cos 4\theta$,

$$g = g_0 \left\{ \begin{aligned} &1 & &+ n & &\omega^2 \cos 2\theta + q & &\omega^4 \cos 4\theta + \ldots \\ &+ l\omega^2 & &+ p\omega^2 & &+ \ldots \\ &+ m\omega^4 & &+ \ldots \\ &+ \ldots \end{aligned} \right.$$

(*) Je n'ai pas voulu développer ici les calculs, parce qu'ils sont très-longs et n'offrent aucune difficulté.

Et les valeurs des coefficients l, m, n, p, q sont les suivantes :

$$n = \frac{3}{4} a_1 + \frac{5}{4} \frac{r_0}{g_0}, \quad q = \frac{105}{64} b_2 - \frac{18}{64} a_1^2 + \frac{90}{64} a_1 \frac{r_0}{g_0},$$

$$l = \frac{1}{4} a_1 - a_0 - \frac{7}{12} \frac{r_0}{g_0}; \quad p = \frac{15}{16} b_2 + \frac{3}{4} b_1 + \frac{99}{56} a_1^2 - \frac{15}{4} a_0 a_1 - \frac{61}{56} a_1 \frac{r_0}{g_0} + \frac{5}{7} a_0 \frac{r_0}{g_0},$$

$$m = \frac{27}{64} b_2 + \frac{1}{4} b_1 - b_0 - \frac{257}{1120} a_1^2 - a_0 a_1 + a_0^2 - \frac{405}{672} a_1 \frac{r_0}{g_0} - \frac{7}{12} a_0 \frac{r_0}{g_0}.$$

Je considérerai spécialement les premiers termes des coefficients de $\cos 2\theta$ et $\cos 4\theta$. Ce sont eux qui déterminent le sens, et même à très-peu près la grandeur des variations de g, à cause de la petitesse de ω^2.

Or en remplaçant a_1 et b_2 par leurs valeurs en ε et t,

$$a_1 = -\frac{2}{3} \varepsilon, \quad b_2 = \frac{12}{35} \varepsilon^2 (1 + t),$$

on a :

$$n \omega^2 = \frac{5}{4} \frac{\omega^2 r_0}{g_0} - \frac{\varepsilon}{2};$$

$$q \omega^4 = \frac{1}{16} \varepsilon^2 (7 + 9 t) - \frac{15}{16} \varepsilon \frac{\omega^2 r_0}{g_0}.$$

La première de ces expressions nous mène au théorème connu que la somme de la variation relative de la gravité de l'équateur au pôle, et de la variation relative du rayon vecteur du pôle à l'équateur, est $\frac{5}{2} \frac{\omega^2 r_0}{g_0}$, et par conséquent est indépendante de la loi des densités dans l'intérieur de la Terre.

Et en effet, on a

$$\frac{G_{\text{pôle}} - G_{\text{équateur}}}{g_0} = \frac{G_{\theta=0} - G_{\theta=90^\circ}}{g_0} = 2 n \omega^2 = \frac{5}{2} \frac{\omega^2 r_0}{g_0} - \varepsilon,$$

$$\frac{R_{\text{équateur}} - R_{\text{pôle}}}{r_0} = \varepsilon,$$

d'où

$$\frac{G_{\text{pôle}} - G_{\text{équateur}}}{g_0} + \frac{R_{\text{équateur}} - R_{\text{pôle}}}{r_0} = \frac{5}{2} \frac{\omega^2 r_0}{g_0};$$

ce théorème est rigoureux, pourvu que l'on néglige les termes en ω^4.

Maintenant voyons quel est l'ordre de grandeur de $q \omega^4$. Pour cela, je rappellerai que

$$\varepsilon = 0{,}97\,\frac{\omega^2 r_0}{g_0} = \frac{1}{295},$$

pour la surface terrestre. Je prendrai d'ailleurs encore $t = 0{,}15$, alors on trouvera

$$q\,\omega^4 = -\,\frac{6{,}91}{16}\,\varepsilon^2 = -\,0{,}0000049\,\ldots$$

La variation totale que peut donner ce terme, et qui est $2\,q\,\omega^4$, ne s'élève pas à 1 centième de millimètre sur la longueur du pendule à secondes, qui est à peu près de 1 mètre. Ainsi elle échappe à nos moyens actuels de mesure.

Et on peut dire la même chose de tous les termes en ω^4, qui par conséquent ne peuvent pas encore être considérés dans les formules se rapportant au pendule.

L'influence de t est encore plus faible, car dans ce terme $q\,\omega^4$, où t entre avec le plus fort coefficient, il ne donne qu'un terme dont les variations extrêmes montent à $\frac{18}{16}\,\varepsilon^2\,t$, ce qui, en prenant la valeur moyenne de t, et ses deux extrêmes, donne 4,5 et dans tous les cas de 3 à 6 millièmes de millimètre.

Ainsi l'influence de t ne peut être accusée actuellement par les variations de la longueur du pendule à secondes ; et ce ne sera probablement pas de sitôt ; car il faudra auparavant que l'on puisse mesurer une longueur avec une exactitude de 6 chiffres décimaux ; que dans la mesure d'une ligne de 1 mètre on puisse être certain du chiffre des millièmes de millimètre.

———◆———

Les conclusions de ce Mémoire sont bien simples. La Terre n'est pas rigoureusement un ellipsoïde de révolution. Mais aucun de nos moyens de mesure actuels ne peut mettre en évidence son écart de la forme elliptique, qui reste dans les limites des erreurs des observations. Ainsi on peut employer sans correction les formules relatives à l'ellipsoïde pour les grands levés géodésiques, pour les mesures de longueur de pendule.....

Ces propositions ne sont pas nouvelles et sont déjà généralement admises, quoique sans démonstration. Mais je crois que ce travail peut aussi soulever d'autres questions et mettre sur la voie de résultats plus intéressants.

Toutes les conclusions précédentes supposent pour loi d'action des molécules celle de la raison inverse du carré des distances. Mais est-on en droit de l'admettre dans le problème de la figure de la Terre ? Si, dans l'évaluation des actions réciproques des molécules terrestres situées à une distance considérable, on peut se regarder comme fondé à prendre la loi que les mouvements célestes ont si bien démontrée pour les distances des masses planétaires, on ne l'est plus pour les petites distances. Et en effet, la physique démontre très-nettement que pour les distances moléculaires la loi d'action est tout autre. Si les premières actions sont plus nombreuses, et ont pour elles l'avantage de la masse, les dernières sont plus intenses en vertu de la distance beaucoup plus faible. En définitive, on ne peut se prononcer d'une manière certaine.

La forme elliptique ne prouve rien en faveur de la loi de la raison inverse du carré des distances, car elle s'applique également à toutes les lois, et est une simple conséquence de ce que la forme est due au mouvement de rotation d'une masse primitivement fluide. Quant à l'aplatissement terrestre, les limites que nous lui avons trouvées sont assez larges pour que, même modifiées par le changement de la loi d'action pour les petites distances, elles comprennent la valeur que donne l'expérience.

Admettons que l'effet de cette nouvelle loi d'action soit appréciable, que l'on doive prendre pour la fonction d'attraction non plus $\frac{f}{r^2}$, mais $\frac{f}{r^2} + \varphi(r)$; [$\varphi(r)$ ne devenant sensible qu'à de petites distances]; voyons quel sera le résultat pour la figure de la Terre.

D'après la Ire Partie de notre travail, la surface terrestre sera encore de révolution, ellipsoïdale comme première approximation, du quatrième degré comme seconde. Les formules de la IIe Partie, relatives aux degrés de méridien et de parallèles, à la gravité, sont encore rigoureusement applicables. Les coefficients seuls changeront. Nous ne trouverons plus les mêmes limites pour E et pour t; les valeurs probables de ces quantités, et surtout celle de t, déduite de celle de E, ne seront plus les mêmes.

Je n'ai pas essayé de soumettre ces valeurs au calcul. On ne connaît rien de précis sur la fonction $\varphi(r)$; et si elle est un peu compliquée, l'analyse peut devenir impuissante. Mais on conçoit très-bien qu'en choisissant convenablement cette fonction, on puisse, tout en laissant à E les mêmes

limites théoriques, faire varier très-notablement t, et l'amener à prendre
une valeur qui rende son effet sur la forme de la Terre appréciable aux
observations.

Que t par exemple, au lieu d'être 0,15 soit 1, et son effet sur la forme de
la Terre sera accusé par des variations de 7,5 en plus ou en moins, de 15
en tout, sur le nombre N dénominateur de l'aplatissement terrestre, suivant
les degrés de méridien dont on aura voulu tirer sa valeur.

Je ne prétends pas qu'un effet semblable existe. Je n'ai aucune raison ni
pour, ni contre. Mais je crois qu'il est admissible, qu'il n'est pas contraire
aux faits déjà connus ; et si réellement il existe, sa constatation sera très-
simple. Il faudra, quand on possédera un grand nombre de degrés de parallèles et de méridiens réunissant toutes les garanties d'exactitude, les com-
biner deux à deux pour en déduire les valeurs de E et de N correspondantes ;
puis dressant un tableau de ces nombres $N_{\alpha,\alpha'}$ et N_{α}, voir si dans leurs

écarts de la moyenne on aperçoit l'empreinte de la loi $\dfrac{15}{4} t \, (\cos 2\alpha + \cos 2\alpha')$,

pour $N_{\alpha,\alpha'}$; et $\dfrac{1}{2} t \, (6+9\cos 2\alpha)$ pour N_{α} ; c'est-à-dire s'assurer si, en corri-

geant les écarts au moyen de ces termes dans lesquels on aura convenablement déterminé t, on peut obtenir une somme de carrés de différences
très-notablement moindre que la première. Si la valeur de t ainsi obtenue
paraît bien marquée et assez exactement déterminée par les observations, si
de plus elle diffère de 0,15 d'une quantité plus grande que la somme de
toutes les erreurs probables, on aura démontré ce fait nouveau et assuré-
ment très-remarquable que la loi de la raison inverse du carré des distances
n'est pas rigoureuse pour les actions réciproques des molécules terrestres,
et qu'un autre terme de la loi d'action a déjà une influence appréciable sur
la figure de la Terre.

Vu et approuvé,
Le 2 février 1858,
Le Doyen de la Faculté des Sciences,
MILNE EDWARDS.

Permis d'imprimer,
Le 2 février 1858,
Le Vice-Recteur de l'Académie de Paris,
CAYX.

THÈSE DE MÉCANIQUE.

SUR LES AXES PRINCIPAUX D'INERTIE.

On appelle moment d'inertie d'un système matériel (*fig.* 1) par rapport

Fig. 1.

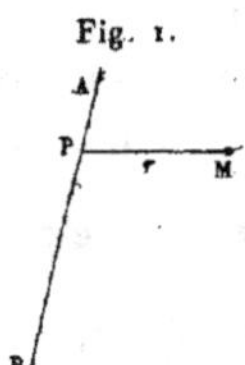

à un axe AB, l'intégrale $\Sigma r^2\, dm$, étendue à toutes les molécules dm du système, intégrale dans laquelle r est la distance MP de la molécule dm à l'axe AB.

Le rayon de gyration est la longueur ρ déterminée par l'équation

$$M\rho^2 = \Sigma r^2\, dm,$$

M étant la masse totale Σdm.

Connaissant le rayon de gyration d'un système matériel pour un axe passant par son centre de gravité, il est aisé de trouver celui qui se rapporte à tout axe parallèle.

Prenons un système d'axes rectangulaires (*fig.* 2), l'origine étant le centre

Fig. 2.

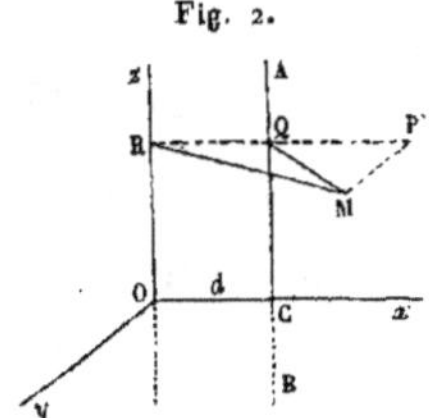

de gravité du système, l'axe des z étant le premier axe de moments, le plan des xz celui des deux axes. .

Soient M une molécule dm, MR sa distance au premier axe Oz, MQ sa distance au second axe AB. Abaissons MP perpendiculaire sur le plan des xz.

On aura dans le triangle RQM

$$\overline{MQ}^2 = \overline{MR}^2 + \overline{RQ}^2 - 2RQ \times RP.$$

Multiplions tous les termes de l'égalité par dm, et ajoutons les égalités semblables obtenues pour chaque molécule dm. Nous aurons

$$\Sigma\overline{MQ}^2 \, dm = \Sigma\overline{MR}^2 \, dm + \Sigma\overline{RQ}^2 \, dm - 2\Sigma RQ \times RP \, dm.$$

Soient ρ_0 le rayon de gyration pour l'axe Oz, ρ le rayon pour l'axe AB, d la distance OC $=$ RQ des deux axes. L'égalité précédente peut s'écrire

$$M\rho^2 = M\rho_0^2 + Md^2 - 2d\,\Sigma RP.dm.$$

Or

$$\Sigma RP.dm = \Sigma x\,dm$$

est nul, puisque le centre de gravité est à l'origine des coordonnées. Donc on a

$$\rho^2 = \rho_0^2 + d^2,$$

formule très-simple qui donne ρ, connaissant ρ_0 et d.

Voyons comment varie le rayon de gyration pour les différents axes passant par un même point.

Prenons pour axes coordonnés (*fig.* 3) trois droites rectangulaires quel-

Fig. 3.

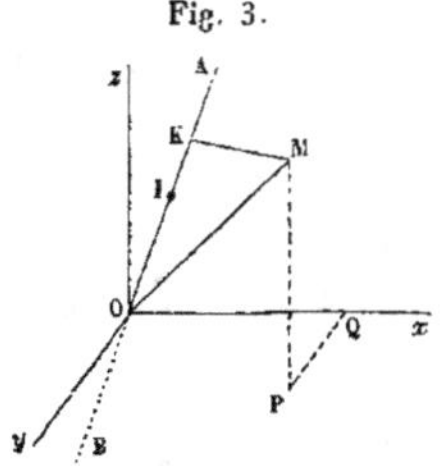

conques se coupant au point considéré. Soit OA un axe de moments faisant avec ces trois droites les angles α, β, γ.

Le carré de la distance MK à l'axe des moments AB, de la molécule $dm\,(x,\, y,\, z)$ est

$$\overline{MK}^2 = \overline{OM}^2 - \overline{OK}^2 = x^2 + y^2 + z^2 - (x\cos\alpha + y\cos\beta + z\cos\gamma)^2$$
$$= (x\cos\beta - y\cos\alpha)^2 + (x\cos\gamma - z\cos\alpha)^2 + (y\cos\gamma - z\cos\beta)^2.$$

Multiplions par dm, et ajoutons toutes les égalités semblables se rapportant aux diverses molécules dm; nous aurons

$$\Sigma\,\overline{MK}^2\,dm = \cos^2\alpha\,\Sigma\,(y^2+z^2)\,dm + \cos^2\beta\,\Sigma\,(z^2+x^2)\,dm + \cos^2\gamma\,\Sigma\,(x^2+y^2)\,dm$$
$$- 2\cos\alpha\cos\beta\,\Sigma\,xy\,dm - 2\cos\alpha\cos\gamma\,\Sigma\,xz\,dm - 2\cos\beta\cos\gamma\,\Sigma\,yz\,dm.$$

Soient ρ le rayon de gyration pour l'axe AB; A, B, C les rayons pour les axes coordonnés Ox, Oy et Oz. Par définition

$$\Sigma\,\overline{MK}^2\,dm = M\rho^2, \qquad \Sigma\,(y^2+z^2)\,dm = MA^2,$$
$$\Sigma\,(z^2+x^2)\,dm = MB^2, \qquad \Sigma\,(x^2+y^2)\,dm = MC^2.$$

Ainsi l'égalité précédente devient

$$(1)\quad \left\{ \begin{aligned} \rho^2 &= A^2\cos^2\alpha + B^2\cos^2\beta + C^2\cos^2\gamma - 2\,\frac{\Sigma\,xy\,dm}{M}\cos\alpha\cos\beta \\ &\quad - 2\,\frac{\Sigma\,xz\,dm}{M}\cos\alpha\cos\gamma - 2\,\frac{\Sigma\,yz\,dm}{M}\cos\beta\cos\gamma. \end{aligned} \right.$$

Cette expression nous montre comment varie le rayon de gyration ρ, lorsque les angles α, β, γ changent, et que par suite l'axe des moments AB tourne autour du point O.

Mais nous pouvons la ramener à une forme plus simple en choisissant convenablement nos axes coordonnés.

En effet, portons sur l'axe AB, à partir du point O, une longueur

$$OI = l = \frac{K^2}{\rho},$$

(80)

K étant une longueur fixe arbitraire. Et voyons quel est le lieu des points I (λ, μ, ν) ainsi placés sur les différentes droites AB passant par le point O.

Ces coordonnées λ, μ, ν, sont liées aux angles $\alpha, \mathcal{B}, \gamma$ par les relations

$$\lambda = l \cos \alpha, \quad \mu = l \cos \mathcal{B}, \quad \nu = l \cos \gamma.$$

Remplaçons dans l'équation qui donne ρ les quantités $\cos \alpha, \cos \mathcal{B}, \cos \gamma$ et ρ par leurs valeurs en λ, μ, ν et l. Puis multiplions les deux membres par l^2. l disparaîtra, et il ne restera qu'une équation entre λ, μ, ν, qui pourra s'écrire

$$(2) \quad \left\{ \begin{array}{l} \dfrac{A^2}{K^2}\lambda^2 + \dfrac{B^2}{K^2}\mu^2 + \dfrac{C^2}{K^2}\nu^2 - 2\dfrac{\Sigma\, xy\, dm}{MK^2}\lambda\mu \\[2mm] - 2\dfrac{\Sigma\, xz\, dm}{MK^2}\lambda\nu - 2\dfrac{\Sigma\, yz\, dm}{MK^2}\mu\nu \end{array} \right\} = K^2.$$

C'est l'équation d'une surface du second degré ayant l'origine pour centre.

Cette surface est tout à fait indépendante du choix primitif des axes coordonnés. Car le point I a une définition géométrique, dans laquelle ces axes coordonnés n'entrent nullement.

Supposons donc que tout d'abord nous ayons pris pour axes des x, des y et des z les trois axes de la surface du second degré que nous venons de trouver, l'équation (2) doit nous donner la même surface, mais rapportée à ses axes. Donc on a dans ce cas

$$\Sigma\, xy\, dm = 0, \quad \Sigma\, xz\, dm = 0, \quad \Sigma\, yz\, dm = 0,$$

et la valeur du rayon de gyration devient

$$(3) \quad \rho^2 = A^2 \cos^2 \alpha + B^2 \cos^2 \mathcal{B} + C^2 \cos^2 \gamma.$$

Ainsi pour tout point O de l'espace, il existe trois axes rectangulaires pour lesquels on a

$$\Sigma\, xy\, dm = 0, \quad \Sigma\, xz\, dm = 0, \quad \Sigma\, yz\, dm = 0.$$

Et en appelant A, B, C les rayons de gyration pour ces axes, le rayon de gyration ρ pour un axe passant par le même point, et faisant avec les premiers les angles α, ε, γ, est donné par la formule

$$\rho^2 = A^2 \cos^2 \alpha + B^2 \cos^2 \varepsilon + C^2 \cos^2 \gamma.$$

Ces axes sont appelés les axes principaux d'inertie pour le point O.

Si on suppose

$$A > B > C,$$

la formule précédente montre que le premier de ces axes est celui qui a le rayon de gyration maximum A parmi tous les axes passant par le point O, et de même que le rayon de gyration minimum correspond au dernier de ces axes.

Supposons que pour un point de l'espace on ne connaisse pas les axes d'inertie principaux, et qu'en prenant trois axes rectangulaires quelconques on ait trouvé pour la valeur de ρ une formule telle que (1), je dis que les directions des axes principaux d'inertie seront déterminées par l'équation

$$d\rho = 0.$$

En effet, reportons-nous à la surface (2) correspondante. Pour cette surface du second degré, les sommets seront déterminés par la condition $d.l = 0$. Car les sommets sont des points, et les seuls points pour lesquels le plan tangent est perpendiculaire au rayon vecteur $OI = l$. Et comme on a

$$l = \frac{K^2}{\rho}, \quad dl = -\frac{K^2}{\rho^2} d\rho,$$

les directions des rayons vecteurs allant aux sommets, c'est-à-dire les axes principaux d'inertie, seront déterminées par la condition $d\rho = 0$, qui équivaut à $dl = 0$.

Je vais maintenant étudier de quelle manière varient les axes d'inertie principaux et leurs rayons de gyration, lorsque varie le point de l'espace auquel ils se rapportent.

Je prends pour origine le centre de gravité du système, pour axes coordonnés les trois axes principaux d'inertie du centre de gravité. Soit a, b, c, les coordonnées d'un point A de l'espace; prenons un axe AB passant par ce point, et faisant avec les axes coordonnés des angles α, ε, γ (*fig.* 4).

Appelons A, B, C les trois rayons de gyration pour les axes coordonnés.

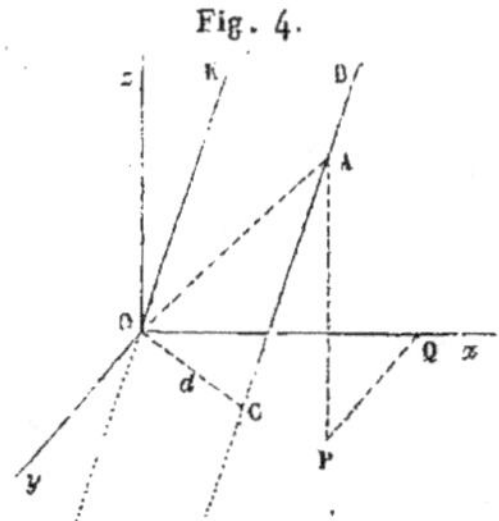

Le carré du rayon de gyration ρ_0, relatif à l'axe OK parallèle à AB passant par le centre de gravité, sera donné par la formule

$$\rho_0^2 = A^2 \cos^2 \alpha + B^2 \cos^2 \beta + C^2 \cos^2 \gamma.$$

Pour avoir le carré du rayon de gyration ρ relatif à l'axe AB, il faut ajouter le carré de la distance d des deux axes OB et AB.

Or on a

$$d^2 = \overline{OC}^2 = \overline{OA}^2 - \overline{AC}^2 = a^2 + b^2 + c^2 - (a \cos \alpha + b \cos \beta + c \cos \gamma)^2.$$

Donc, en définitive,

$$(4) \begin{cases} \rho^2 = \rho_0^2 + d^2 \\ = A^2 \cos^2 \alpha + B^2 \cos^2 \beta + C^2 \cos^2 \gamma + a^2 + b^2 + c^2 - (a \cos \alpha + b \cos \beta + c \cos \gamma)^2. \end{cases}$$

Je cherche les axes principaux d'inertie pour le point A, et pour cela J suffit de déterminer les valeurs de α, β, γ, qui rendent $d\rho$ nul.

Je différentie l'équation (4), j'ai

$$\begin{aligned} \rho \, d\rho = & \left[A^2 \cos \alpha - a(a \cos \alpha + b \cos \beta + c \cos \gamma) \right] d.\cos \alpha \\ & + \left[B^2 \cos \beta - b(a \cos \alpha + b \cos \beta + c \cos \gamma) \right] d.\cos \beta \\ & + \left[C^2 \cos \gamma - c(a \cos \alpha + b \cos \beta + c \cos \gamma) \right] d.\cos \gamma. \end{aligned}$$

Du reste les angles α, β, γ sont liés par la relation

$$\cos^2 \alpha + \cos^2 \beta + \cos^2 \gamma = 1.$$

D'où, en différentiant,

$$\cos\alpha\, d.\cos\alpha + \cos\beta\, d.\cos\beta + \cos\gamma\, d.\cos\gamma = 0.$$

Je puis donc encore écrire la valeur de $\rho d\rho$, en lui ajoutant la dernière équation multipliée par une indéterminée λ :

$$\begin{aligned}
\rho\, d\rho = {} & [(\lambda + A^2)\cos\alpha - a(a\cos\alpha + b\cos\beta + c\cos\gamma)]\, d.\cos\alpha \\
& + [(\lambda + B^2)\cos\beta - b(a\cos\alpha + b\cos\beta + c\cos\gamma)]\, d.\cos\beta \\
& + [(\lambda + C^2)\cos\gamma - c(a\cos\alpha + b\cos\beta + c\cos\gamma)]\, d.\cos\gamma.
\end{aligned}$$

Supposons que dans cette équation α, β, γ représentent les angles qui se rapportent à un des axes principaux d'inertie, et donnons à l'indéterminée λ la valeur déterminée par l'équation

$$(5) \qquad (\lambda + A^2)\cos\alpha = a(a\cos\alpha + b\cos\beta + c\cos\gamma).$$

Alors la valeur de $\rho d\rho$ ne renfermera plus que les deux différentielles complétement indépendantes $d.\cos\beta$ et $d.\cos\gamma$; et comme elle devra être nulle quelles que soient ces différentielles, il faudra que les coefficients de $d.\cos\beta$ et $d.\cos\gamma$ soient nuls séparément, c'est-à-dire que les quantités α, β, γ et λ satisferont aussi aux deux équations

$$(5) \qquad \begin{cases} (\lambda + B^2)\cos\beta = b(a\cos\alpha + b\cos\beta + c\cos\gamma), \\ (\lambda + C^2)\cos\gamma = c(a\cos\alpha + b\cos\beta + c\cos\gamma). \end{cases}$$

Nous avons donc les trois équations (5), et l'équation de condition

$$(6) \qquad \cos^2\alpha + \cos^2\beta + \cos^2\gamma = 1$$

pour déterminer les quatre quantités α, β, γ et λ. C'est le nombre d'équations nécessaire et suffisant.

Pour indiquer la solution d'une manière plus simple, je représente par K la quantité

$$K = a\cos\alpha + b\cos\beta + c\cos\gamma.$$

K sera une nouvelle inconnue auxiliaire. Alors les équations (5) pourront s'écrire

$$(7) \qquad \cos\alpha = K\frac{a}{\lambda + A^2}, \quad \cos\varepsilon = K\frac{b}{\lambda + B^2}, \quad \cos\gamma = K\frac{c}{\lambda + C^2};$$

et en substituant ces valeurs dans l'expression de K, K disparaîtra et il restera l'équation en λ

$$(8) \qquad \frac{a^2}{\lambda + A^2} + \frac{b^2}{\lambda + B^2} + \frac{c^2}{\lambda + C^2} = 1.$$

Enfin l'équation (6), quand on y fait les mêmes substitutions, donne

$$(9) \qquad K^2\left[\frac{a^2}{(\lambda + A^2)^2} + \frac{b^2}{(\lambda + B^2)^2} + \frac{c^2}{(\lambda + C^2)^2}\right] = 1.$$

Ainsi, nous commencerons par déterminer λ par l'équation (8); puis K par l'équation (9); et alors les équations (7) nous donneront α, ε, γ.

Mais nous allons voir que ces directions peuvent être représentées géométriquement d'une manière assez simple.

Prenons l'ellipsoïde rapporté à ses axes

$$(10) \qquad \frac{x^2}{A^2} + \frac{y^2}{B^2} + \frac{z^2}{C^2} = 1.$$

Toutes les surfaces du second degré homofocales seront comprises dans l'équation

$$(11) \qquad \frac{x^2}{\lambda + A^2} + \frac{y^2}{\lambda + B^2} + \frac{z^2}{\lambda + C^2} = 1.$$

Parmi ces surfaces homofocales, il y en a trois d'espèce différente passant par le point a, b, c, et leurs paramètres λ seront donnés par l'équation

$$\frac{a^2}{\lambda + A^2} + \frac{b^2}{\lambda + B^2} + \frac{c^2}{\lambda + C^2} = 1.$$

Ainsi la quantité λ des équations (7), (8), (9) n'est autre qu'un des trois paramètres des surfaces du second degré homofocales à l'ellipsoïde (10), et passant par le point A.

Quant aux directions α, β, γ, ce sont celles des normales à ces trois surfaces.

Car la droite déterminée par ces directions a pour équation

$$\frac{x-a}{\cos\alpha} = \frac{y-b}{\cos\beta} = \frac{z-c}{\cos\gamma}$$

ou, en substituant les valeurs de $\cos\alpha$, $\cos\beta$, $\cos\gamma$, tirées des équations (7), et multipliant par K,

$$\frac{x-a}{\dfrac{a}{\lambda+\mathrm{A}^2}} = \frac{y-b}{\dfrac{b}{\lambda+\mathrm{B}^2}} = \frac{z-c}{\dfrac{c}{\lambda+\mathrm{C}^2}},$$

c'est l'équation de la normale au point a, b, c à la surface (11).

On sait que les trois surfaces homofocales d'espèce différente passant par le point A s'y coupent mutuellement à angle droit suivant leurs lignes de courbure. Les trois axes principaux d'inertie du point A sont donc les trois normales à ces surfaces, ou les trois tangentes à leurs lignes d'intersection.

Cherchons la valeur des rayons de gyration principaux.

Nous avons trouvé pour ρ^2 l'expression générale (4). Mais elle peut se simplifier pour les directions des axes d'inertie principaux.

En effet, reprenons les équations (5) qui sont satisfaites par les directions de ces axes principaux. Multiplions la première par $\cos\alpha$, la deuxième par $\cos\beta$, la troisième par $\cos\gamma$, et ajoutons-les. Il vient

$$(12) \quad \lambda + \mathrm{A}^2\cos^2\alpha + \mathrm{B}^2\cos^2\beta + \mathrm{C}^2\cos^2\gamma = (a\cos\alpha + b\cos\beta + c\cos\gamma)^2.$$

Au moyen de cette égalité, l'expression de ρ^2 se réduit à

$$(13) \qquad \rho^2 = a^2 + b^2 + c^2 - \lambda = r^2 - \lambda,$$

r étant la distance du point A au centre de gravité.

Ainsi le carré du rayon de gyration relatif à un des axes principaux d'inertie AB du point A est égal au carré du rayon vecteur allant du centre de gravité au point A, diminué du paramètre de la surface homofocale à laquelle cet axe est normal.

Nous pourrons déduire quelques conséquences remarquables du théorème précédent.

Je cherche d'abord le lieu de tous les axes principaux d'inertie parallèles à une direction donnée $(\alpha, \mathfrak{b}, \gamma)$.

Prenons un quelconque de ces axes, qui est axe principal d'inertie pour le point A (a, b, c). Il aura pour équations

$$\frac{x-a}{\cos\alpha} = \frac{y-b}{\cos\mathfrak{b}} = \frac{z-c}{\cos\gamma}.$$

D'ailleurs on a

$$(7) \qquad \cos\alpha = K\frac{a}{\lambda+A^2}, \quad \cos\mathfrak{b} = K\frac{b}{\lambda+B^2}, \quad \cos\gamma = K\frac{c}{\lambda+C^2}.$$

Substituant partiellement, on pourra écrire les équations précédentes

$$\frac{x}{\cos\alpha} - \frac{\lambda}{K} - \frac{A^2}{K} = \frac{y}{\cos\mathfrak{b}} - \frac{\lambda}{K} - \frac{B^2}{K} = \frac{z}{\cos\gamma} - \frac{\lambda}{K} - \frac{C^2}{K}:$$

$\frac{\lambda}{K}$ disparaît de ces équations, et alors, en les combinant deux à deux, on peut en tirer les valeurs suivantes de K,

$$(14) \qquad K = \frac{A^2-B^2}{\dfrac{x}{\cos\alpha} - \dfrac{y}{\cos\mathfrak{b}}} = \frac{A^2-C^2}{\dfrac{x}{\cos\alpha} - \dfrac{z}{\cos\gamma}} = \frac{B^2-C^2}{\dfrac{y}{\cos\mathfrak{b}} - \dfrac{z}{\cos\gamma}}.$$

De là on tire l'équation

$$(15) \qquad \frac{x}{\cos\alpha}(B^2-C^2) + \frac{y}{\cos\mathfrak{b}}(C^2-A^2) + \frac{z}{\cos\gamma}(A^2-B^2) = 0.$$

Cette équation, où n'entrent plus que les variables x, y, z, est l'équation du cylindre formé par tous les axes principaux d'inertie parallèles à la direction donnée. On voit que ce cylindre se réduit à un plan passant par le centre de gravité, et parallèle à la direction donnée. Voyons quel est dans ce plan le lieu des points A (a, b, c) auxquels ces axes principaux d'inertie se rapportent.

Pour cela je rappelle que K, dans les équations précédentes, représente l'expression

$$a\cos\alpha + b\cos\mathfrak{b} + c\cos\gamma,$$

de sorte que, pour les points a, b, c en question, on aura

$$(16) \quad a \cos \alpha + b \cos 6 + c \cos \gamma = \frac{A^2 - B^2}{\dfrac{a}{\cos \alpha} - \dfrac{b}{\cos 6}} = \frac{A^2 - C^2}{\dfrac{a}{\cos \alpha} - \dfrac{c}{\cos \gamma}} = \frac{B^2 - C^2}{\dfrac{b}{\cos 6} - \dfrac{c}{\cos \gamma}}.$$

Ainsi, outre l'équation du plan précédent, nous aurons par exemple l'équation

$$(a \cos \alpha + b \cos 6 + c \cos \gamma) \left(\frac{a}{\cos \alpha} - \frac{b}{\cos 6} \right) = A^2 - B^2.$$

Supposons que de l'équation (15) on tire la valeur de z ou c pour la reporter dans la précédente, on aura l'équation de la projection de la courbe cherchée sur le plan des xy. On voit que cette projection sera une hyperbole ayant l'origine pour centre, et pour asymptote les droites

$$\frac{a}{\cos \alpha} - \frac{b}{\cos 6} = 0,$$

$$a \cos \alpha + b \cos 6 + c \cos \gamma = 0.$$

Donc dans l'espace on a une hyperbole située dans le plan (15), et dont les asymptotes sont, l'une l'intersection du plan (15) avec le plan projetant

$$\frac{a}{\cos \alpha} - \frac{b}{\cos 6} = 0,$$

c'est-à-dire la droite

$$\frac{x}{\cos \alpha} = \frac{y}{\cos 6} = \frac{z}{\cos \gamma};$$

et l'autre, l'intersection du même plan (15) avec le plan

$$x \cos \alpha + y \cos 6 + z \cos \gamma = 0.$$

Or ce dernier n'est autre que le plan mené par l'origine perpendiculairement à la direction donnée. Par conséquent la seconde asymptote est perpendiculaire à la première, et l'hyperbole que nous considérons est équilatère.

Nous avons les asymptotes de l'hyperbole. Pour la définir complétement, nous n'avons plus besoin que de connaître son paramètre; sa valeur est donnée par

$$m^4 = (A^2 - B^2)^2 \cos^2\alpha \cos^2 6 + (A^2 - C^2)^2 \cos^2\alpha \cos^2\gamma + (B^2 - C^2)^2 \cos^2 6 \cos^2\gamma,$$

l'équation de l'hyperbole dans son plan étant

$$xy = m^2.$$

Je fais les mêmes recherches pour les axes principaux d'inertie passant par un point donné S (ξ, η, ζ).

Pour un point quelconque x, y, z d'un quelconque de ces axes, on aura encore les équations

$$(14) \qquad K = \frac{A^2 - B^2}{\dfrac{x}{\cos\alpha} - \dfrac{y}{\cos 6}} = \frac{A^2 - C^2}{\dfrac{x}{\cos\alpha} - \dfrac{z}{\cos\gamma}} = \frac{B^2 - C^2}{\dfrac{y}{\cos 6} - \dfrac{z}{\cos\gamma}}.$$

Ici $\alpha, 6, \gamma$ représentent les angles faits par cet axe d'inertie avec les axes coordonnés ox, oy, oz; et par conséquent on a

$$\cos\alpha = \frac{x - \xi}{\sqrt{(x - \xi)^2 + (y - \eta)^2 + (z - \zeta)^2}},$$

$$\cos 6 = \frac{y - \eta}{\sqrt{(x - \xi)^2 + (y - \eta)^2 + (z - \zeta)^2}},$$

$$\cos\gamma = \frac{z - \zeta}{\sqrt{(x - \xi)^2 + (y - \eta)^2 + (z - \zeta)^2}}.$$

Substituons et multiplions par $\sqrt{(x - \xi)^2 + (y - \eta)^2 + (z - \zeta)^2}$, il viendra

$$K \sqrt{(x - \xi)^2 + (y - \eta)^2 + (z - \zeta)^2}$$
$$= \frac{A^2 - B^2}{\dfrac{x}{x - \xi} - \dfrac{y}{y - \eta}} = \frac{A^2 - C^2}{\dfrac{x}{x - \xi} - \dfrac{z}{z - \zeta}} = \frac{B^2 - C^2}{\dfrac{y}{y - \eta} - \dfrac{z}{z - \zeta}}.$$

Cette équation peut encore se simplifier un peu en remarquant que

$$\frac{x}{x - \xi} = 1 + \frac{\xi}{x - \xi}, \quad \frac{y}{y - \eta} = 1 + \frac{\eta}{y - \eta}, \quad \frac{z}{z - \zeta} = 1 + \frac{\zeta}{z - \zeta}.$$

Elle devient

$$(17) \quad \left\{ = \dfrac{K\sqrt{(x-\xi)^2 + (y-\eta)^2 + (z-\zeta)^2}}{\dfrac{A^2 - B^2}{\dfrac{\xi}{x-\xi} - \dfrac{\eta}{y-\eta}}} = \dfrac{A^2 - C^2}{\dfrac{\xi}{x-\xi} - \dfrac{\zeta}{z-\zeta}} = \dfrac{B^2 - C^2}{\dfrac{\eta}{y-\eta} - \dfrac{\zeta}{z-\zeta}} \right. .$$

On en tire l'équation du lieu cherché

$$(18) \qquad (B^2 - C^2)\,\dfrac{\xi}{x-\xi} + (C^2 - A^2)\,\dfrac{\eta}{y-\eta} + (A^2 - B^2)\,\dfrac{\zeta}{z-\zeta} = 0.$$

On voit donc que les axes principaux d'inertie passant par le point S forment un cône du second degré.

L'équation de ce cône sous forme entière est

$$(B^2 - C^2)\,\xi\,(y - \eta)\,(z - \zeta) + (C^2 - A^2)\,\eta\,(x - \xi)\,(z - \zeta)$$
$$+ (A^2 - B^2)\,\zeta\,(x - \xi)\,(y - \eta) = 0.$$

Cette équation nous montre immédiatement que les trois parallèles aux axes coordonnés

$$x = \xi,\ y = \eta; \quad x = \xi,\ z = \zeta; \quad y = \eta,\ z = \zeta;$$

sont trois des génératrices du cône.

Une quatrième génératrice est la droite OS, car l'équation (18) est évidemment vérifiée par

$$x = 0, \quad y = 0, \quad z = 0.$$

Pour définir complétement ce cône, il suffit de connaître en outre un de ses plans tangents. Or si, partant de l'équation

$$(18) \qquad\qquad F(x, y, z) = 0,$$

nous cherchons le plan tangent

$$\dfrac{dF}{dx'}(x - x') + \dfrac{dF}{dy'}(y - y') + \dfrac{dF}{dz'}(z - z') = 0$$

pour le point $x' = 0$, $y' = 0$, $z' = 0$, nous trouverons que le plan tangent suivant la génératrice OS a pour équation

$$(B^2 - C^2)\frac{x}{\xi} + (C^2 - A^2)\frac{y}{\eta} + (A^2 - B^2)\frac{z}{\zeta} = 0.$$

Si on la compare à l'équation (15), on voit que ce plan tangent est celui qui contient tous les axes principaux d'inertie parallèles à OS.

Un résultat assez remarquable est que, lorsque le point S varie sur un même rayon vecteur OS, le cône (18) ne change pas de forme, et se transporte parallèlement à son sommet S.

En effet, le cône (18), transporté parallèlement à lui-même de manière que son sommet vienne au point O, aura pour équation

$$(B^2 - C^2)\frac{\xi}{x} + (C^2 - A^2)\frac{\eta}{y} + (A^2 - B^2)\frac{\zeta}{z} = 0 ;$$

et l'on voit que quand le point S se meut sur un rayon vecteur OS, c'est-à-dire quand ξ, η, ζ varient en conservant leurs rapports, l'équation de ce dernier cône reste toujours la même.

Si l'on suppose que le point S s'éloigne jusqu'à l'infini le long de la droite OS, le cône (18), toujours le même, se transportera parallèlement à OS, et son sommet ira à l'infini. A la limite, la partie qui reste à une distance finie du point O se réduira au plan tangent constant suivant l'arête OS. Et l'on retrouve ainsi ce résultat, que ce plan tangent commun à tous les cônes ayant leurs sommets sur OS est le lieu des axes principaux d'inertie parallèles à OS.

Déterminons enfin le lieu des points, dont les axes d'inertie principaux passent par le point S. Soit a, b, c les coordonnées d'un de ces points ; elles vérifieront d'abord les équations (17) en y remplaçant x, y et z par a, b et c.

Mais en outre, comme on a

$$K = a \cos \alpha + b \cos \beta + c \cos \gamma,$$

il viendra, en multipliant par $\sqrt{(a - \xi)^2 + (b - \eta)^2 + (c - \zeta)^2}$,

$$K \sqrt{(a - \xi)^2 + (b - \eta)^2 + (c - \zeta)^2} = a(a - \xi) + b(b - \eta) + c(c - \eta).$$

Donc, en substituant dans l'équation (17), les coordonnées a, b, c satisfont aux relations

$$(19) \quad \left\{ \frac{a(a-\xi)+b(b-\eta)+c(c-\zeta)}{} = \frac{A^2-B^2}{\dfrac{\xi}{a-\xi}-\dfrac{\eta}{b-\eta}} = \frac{A^2-C^2}{\dfrac{\xi}{a-\xi}-\dfrac{\zeta}{c-\zeta}} = \frac{B^2-C^2}{\dfrac{\eta}{b-\eta}-\dfrac{\zeta}{c-\zeta}} \right.$$

Ce sont les équations de la courbe cherchée.

Ces équations se réduisent à deux. La première obtenue en combinant deux quelconques des trois derniers membres de l'égalité précédente, est l'équation du cône du second degré (18).

La seconde, obtenue en combinant le premier membre de l'égalité (19), avec un des trois derniers, est l'équation d'une surface du troisième degré qui coupe le cône précédent suivant la courbe cherchée.

Chaque génératrice du cône doit couper cette surface du troisième degré en trois points ; mais il est facile de voir que deux de ces points se réunissent au sommet S, et en négligeant cette solution étrangère, on ne trouve qu'un point sur chaque génératrice.

Ainsi prenons une génératrice faisant avec les axes coordonnés des angles α, β, γ, et appelons r la distance du point inconnu (a, b, c) qui se trouve sur cette génératrice au sommet S. On a

$$r = \sqrt{(a-\xi)^2 + (b-\eta)^2 + (c-\zeta)^2}, \quad a-\xi = r\cos\alpha,$$
$$b-\eta = r\cos\beta, \qquad c-\zeta = r\cos\gamma.$$

Substituons dans l'équation (19), et négligeons les racines $r = 0$, nous aurons

$$(20)\quad r + \xi\cos\alpha + \eta\cos\beta + \zeta\cos\gamma = \frac{A^2-B^2}{\dfrac{\xi}{\cos\alpha}-\dfrac{\eta}{\cos\beta}} = \frac{A^2-C^2}{\dfrac{\xi}{\cos\alpha}-\dfrac{\zeta}{\cos\gamma}} = \frac{B^2-C^2}{\dfrac{\eta}{\cos\beta}-\dfrac{\zeta}{\cos\gamma}},$$

ce qui nous donne bien un point unique sur chaque génératrice.

Ce résultat était facile à prévoir. Une droite n'est axe principal d'inertie que pour un de ses points.

La courbe qui nous occupe, et dont nous avons les équations (19), est extrêmement complexe. Ses projections sur les plans coordonnés sont du cinquième degré. Comme nous l'avons vu, elle ne coupe chaque génératrice du cône qu'en un seul point. Si on la suit en faisant avec elle le tour du cône, on voit qu'elle passe trois fois par le sommet S, et qu'elle y a pour tangentes à ses trois branches trois génératrices rectangulaires entre elles, qui sont les trois axes principaux d'inertie se rapportant au point A.

Elle s'éloigne à l'infini quand on arrive à la génératrice SO, et les deux branches hyperboliques formées par les points situés sur les génératrices voisines ont une asymptote dans le plan tangent au cône suivant OS, et à une distance de OS, dont l'expression assez compliquée est

$$d = \sqrt{\frac{(A^2 - B^2)^2 \, \xi^2 \eta^2 + (B^2 - C^2)^2 \, \eta^2 \zeta^2 + (C^2 - A^2)^2 \, \zeta^2 \xi^2}{(\xi^2 + \eta^2 + \zeta^2)^3}}.$$

Pour donner une idée de la forme de la courbe (*fig.* 5), je supposerai le cône (18) projeté sur un plan perpendiculaire à son axe intérieur, et je représenterai la projection de la courbe, la nappe supérieure étant en trait plein, la nappe inférieure en trait pointillé.

Fig. 5.

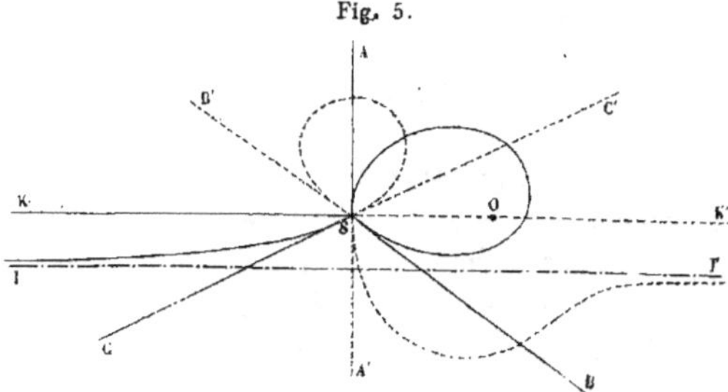

S sommet du cône ;
O centre de gravité ;
SA, SB, SC axes principaux d'inertie au point S ;
II' asymptote.

Je passe aux conséquences que l'on peut tirer de la seconde partie de notre théorème, de celle qui donne l'expression des rayons de gyration principaux

$$(13) \qquad \rho^2 = r^2 - \lambda.$$

Prenons un point A (a, b, c), et imaginons les trois surfaces homofocales du second degré qui passent par ce point. Soit λ' le paramètre de l'ellipsoïde, λ'' celui de l'hyperboloïde à une nappe, λ''' celui de l'hyperboloïde à deux nappes. Soient ρ', ρ'', ρ''' les rayons de gyration pour les axes principaux normaux à ces surfaces.

En supposant

$$A^2 > B^2 > C^2,$$

nous aurons

Ellipsoïde $\qquad\qquad\qquad\quad \lambda' + A^2 > 0, \quad \lambda' + B^2 > 0, \quad \lambda' + C^2 > 0;$

Hyperboloïde à une nappe $\quad \lambda'' + A^2 > 0, \quad \lambda'' + B^2 > 0, \quad \lambda'' + C^2 < 0;$

Hyperboloïde à deux nappes $\ \lambda''' + A^2 > 0, \quad \lambda''' + B^2 < 0, \quad \lambda''' + C^2 < 0.$

De là on déduit la série d'inégalités

$$(21) \qquad -\lambda' < C^2 < -\lambda'' < B^2 < -\lambda''' < A^2,$$

et ajoutant r^2 à tous les termes

$$(22) \qquad \rho'^2 < r^2 + C^2 < \rho''^2 < r^2 + B^2 < \rho'''^2 < r^2 + A^2.$$

Ainsi des trois rayons de gyration principaux, et par suite des trois moments d'inertie principaux, le plus petit correspond à l'axe normal à l'ellipsoïde, le moyen à l'axe normal à l'hyperboloïde à une nappe, le plus grand à l'axe normal à l'hyperboloïde à deux nappes.

L'équation qui détermine la valeur de λ est

$$\frac{a^2}{\lambda + A^2} + \frac{b^2}{\lambda + B^2} + \frac{c^2}{\lambda + C^2} = 1.$$

Par suite l'équation qui donne les trois valeurs de ρ^2 est

$$(23) \qquad \frac{a^2}{A^2 + r^2 - \rho^2} + \frac{b^2}{B^2 + r^2 - \rho^2} + \frac{c^2}{C^2 + r^2 - \rho^2} = 1.$$

Si on la met sous forme entière, en faisant disparaître les dénominateurs, on trouve que la somme des racines, qui est le coefficient du second terme pris en signe contraire, est

$$\rho'^2 + \rho''^2 + \rho'''^2 = (r^2 + A^2) + (r^2 + B^2) + (r^2 + C^2) - a^2 - b^2 - c^2,$$
$$= 2 r^2 + A^2 + B^2 + C^2.$$

On voit qu'elle reste la même pour tous les points de la sphère de rayon r.

L'expression précédente donne encore la somme des carrés des rayons de gyration pour trois axes rectangulaires quelconques passant par le point A. Car en vertu de la formule (3) cette somme est constante et indépendante de la direction de ces axes, pourvu qu'ils restent rectangulaires entre eux.

Je vais chercher s'il existe des points de l'espace pour lesquels deux des rayons de gyration principaux deviennent égaux, et où par conséquent l'ellipsoïde des moments d'inertie (2) soit de révolution.

Pour les points qui ont le plus petit et le moyen rayon de gyration principal, égaux, on doit avoir

$$\rho'^2 = \rho''^2,$$
$$r^2 - \lambda' = r^2 - \lambda'',$$
$$-\lambda' = -\lambda'',$$

et comme en général on a les inégalités

$$(21) \qquad -\lambda' < C^2 < -\lambda'',$$

on aura pour les points en question

$$-\lambda' = C^2 = -\lambda''.$$

Ainsi ces points sont sur l'intersection de l'ellipsoïde $-\lambda' = C^2$, et de l'hyperboloïde à une nappe $-\lambda'' = C^2$.

Mais ces deux surfaces limites se réduisent toutes deux au plan des xy, et nous ne voyons pas bien quelle est leur intersection.

Je prends donc d'abord deux surfaces très-voisines, l'ellipsoïde $-\lambda' = C^2 - \varepsilon'^2$

$$(24) \qquad \frac{x^2}{(A^2 - C^2) + \varepsilon'^2} + \frac{y^2}{(B^2 - C^2) + \varepsilon'^2} + \frac{z^2}{\varepsilon'^2} = 1,$$

et l'hyperboloïde à une nappe $-\lambda'' = C^2 + \varepsilon''^2$

$$(25) \qquad \frac{x^2}{(A^2 - C^2) - \varepsilon''^2} + \frac{y^2}{(B^2 - C^2) - \varepsilon''^2} - \frac{z^2}{\varepsilon''^2} = 1.$$

L'ellipsoïde (24), qui a pour axe des z la longueur ε', est extrêmement aplati; et à mesure que ε' décroît, il tend à se réduire aux points du plan des xy compris dans l'intérieur de l'ellipse

$$\frac{x^2}{A^2-C^2}+\frac{y^2}{B^2-C^2}=1.$$

Quant à l'hyperboloïde à une nappe (25), qui a pour axe imaginaire la longueur ε'', il tend, quand ε'' diminue, à se réduire aux points du plan des xy extérieurs à l'ellipse limite

$$\frac{x^2}{A^2-C^2}+\frac{y^2}{B^2-C^2}=1.$$

Par conséquent, il est bien net que l'intersection toujours réelle de ces deux surfaces a pour limite l'ellipse située dans le plan des xy

$$(26)\qquad z=0,\quad \frac{x^2}{A^2-C^2}+\frac{y^2}{B^2-C^2}=1.$$

C'est le lieu des points cherchés.

Il est facile de trouver pour ces points les directions des axes principaux d'inertie, et les grandeurs des rayons de gyration.

Les axes du plus petit et du moyen moment d'inertie sont deux axes quelconques rectangulaires entre eux, dans le plan normal à l'ellipse précédente. Pour tous les axes compris dans ce plan normal, le rayon de gyration est

$$\rho'=\rho''=\sqrt{r^2+C^2}.$$

L'axe du plus grand moment d'inertie est situé dans le plan des xy. C'est la tangente à l'ellipse (26). Son rayon de gyration est donné par l'égalité

$$\rho'''^2=2r^2+A^2+B^2+C^2-\rho'^2-\rho''^2=A^2+B^2-C^2.$$

Ainsi il est constant pour tous les points de l'ellipse.

On trouvera de même que les points pour lesquels le plus grand et le moyen moment d'inertie sont égaux, sont donnés par l'égalité

$$-\lambda''=B^2=-\lambda''',$$

et, par suite, qu'ils appartiennent à l'hyperbole située dans le plan des xz

$$(27)\qquad y=0,\quad \frac{x^2}{A^2-B^2}-\frac{z^2}{B^2-C^2}=1.$$

Pour tous ces points, le plus grand et le moyen moment d'inertie sont deux axes quelconques rectangulaires dans le plan normal à l'hyperbole précédente. Les rayons de gyration correspondants sont

$$\rho''' = \rho'' = \sqrt{r^2 + B^2}.$$

L'axe du plus petit moment d'inertie est la tangente à l'hyperbole. Son rayon de gyration est

$$\rho' = \sqrt{A^2 + C^2 - B^2},$$

et par suite constant pour tous les points de l'hyperbole.

L'ellipse (26) et l'hyperbole (27) sont situées dans des plans rectangulaires ; de plus, il est aisé de voir que les sommets de l'une sont les foyers de l'autre, et réciproquement. Ainsi ce sont les deux courbes focales conjuguées. Comme ces deux courbes n'ont pas de point commun, il n'y a pas de point de l'espace où les trois moments principaux d'inertie deviennent égaux, et où l'ellipsoïde des moments devienne une sphère.

Nous venons de voir que, pour les courbes précédentes, un des rayons de gyration principaux reste constant. Je vais retourner la question, et chercher le lieu de tous les points de l'espace pour lesquels un des rayons de gyration principaux conserve une valeur donnée ρ.

La solution de ce problème n'est pas difficile. Je n'ai qu'à prendre l'équation (23), qui me donne les valeurs des rayons de gyration principaux en fonction de a, b, c ; et à supposer que ρ y conservant la valeur donnée, a, b, c et $r = \sqrt{a^2 + b^2 + c^2}$ varient de manière à satisfaire toujours à cette équation. J'aurai ainsi l'équation de la surface cherchée. Cette équation est donc

$$(28) \quad \frac{x^2}{x^2 + y^2 + z^2 + A^2 - \rho^2} + \frac{y^2}{x^2 + y^2 + z^2 + B^2 - \rho^2} + \frac{z^2}{x^2 + y^2 + z^2 + C^2 - \rho^2} = 1.$$

Si nous la mettons sous forme entière, en faisant disparaître les dénominateurs, elle devient

$$(29) \quad \left\{ \begin{aligned} &(x^2 + y^2 + z^2)\left[x^2(\rho^2 - A^2) + y^2(\rho^2 - B^2) + z^2(\rho^2 - C^2)\right] \\ &- x^2(\rho^2 - A^2)\left[\rho^2 - B^2 + \rho^2 - C^2\right] - y^2(\rho^2 - B^2)\left[\rho^2 - A^2 + \rho^2 - C^2\right] \\ &- z^2(\rho^2 - C^2)\left[\rho^2 - A^2 + \rho^2 - B^2\right] + (\rho^2 - A^2)(\rho^2 - B^2)(\rho^2 - C^2) \end{aligned} \right\} = 0.$$

Ce lieu est une surface du quatrième degré, ayant les plans coordonnés pour plans de symétrie. Ses intersections avec les plans coordonnés se décomposent en deux courbes du second degré, dont une est un cercle réel ou imaginaire.

$$(30) \begin{cases} \text{Plan des } xy, \qquad z = 0, \\[4pt] \quad x^2 + y^2 = \rho^2 - C^2, \quad \dfrac{x^2}{\rho^2 - B^2} + \dfrac{y^2}{\rho^2 - A^2} = 1. \\[10pt] \text{Plan des } xz, \qquad y = 0, \\[4pt] \quad x^2 + y^2 = \rho^2 - B^2, \quad \dfrac{x^2}{\rho^2 - C^2} + \dfrac{z^2}{\rho^2 - A^2} = 1. \\[10pt] \text{Plan des } yz, \qquad x = 0, \\[4pt] \quad x^2 + z^2 = \rho^2 - A^2, \quad \dfrac{y^2}{\rho^2 - C^2} + \dfrac{z^2}{\rho^2 - B^2} = 1. \end{cases}$$

L'ellipse (26) et l'hyperbole (27) sont deux cas particuliers de ces courbes, pour

$$\rho^2 = A^2 + B^2 - C^2 \quad \text{et} \quad \rho^2 = A^2 + C^2 - B^2.$$

Je vais discuter la surface (29), et, pour cela, j'examinerai d'abord les cas particuliers de

$$\rho^2 = A^2, \quad \rho^2 = B^2, \quad \rho^2 = C^2.$$

Supposons $\rho^2 = A^2$, l'équation (29) devient

$$(x^2 + y^2 + z^2)[\,y^2(A^2 - B^2) + z^2(A^2 - C^2)\,] - (y^2 + z^2)(A^2 - B^2)(A^2 - C^2) = 0;$$

d'où on tire

$$x^2 = (y^2 + z^2)\,\frac{1 - \dfrac{y^2}{A^2 - C^2} - \dfrac{z^2}{A^2 - B^2}}{\dfrac{y^2}{A^2 - C^2} + \dfrac{z^2}{A^2 - B^2}}.$$

La trace sur le plan des yz est l'ellipse

$$x = 0, \quad \frac{y^2}{A^2 - C^2} + \frac{z^2}{A^2 - B^2} = 1.$$

Si on coupe la surface par un plan passant par l'axe des x

$$z = y\, tg\, \varphi,$$

l'équation de la section rapportée dans son plan à l'axe Ox, et à l'axe perpendiculaire Ou, sera

$$(x^2 + u^2)\left[(A^2 - B^2)\cos^2\varphi + (A^2 - C^2)\sin^2\varphi\right] - (A^2 - B^2)(A^2 - C^2) = 0.$$

C'est un cercle dont le rayon R est donné par l'équation

$$\frac{R^2\cos^2\varphi}{A^2 - C^2} + \frac{R^2\sin^2\varphi}{A^2 - B^2} = 1,$$

qui montre que R est le rayon vecteur correspondant OM de l'ellipse qui sert de base dans le plan des xz.

D'après cette propriété (*fig.* 6), on se représente assez bien la forme sin-

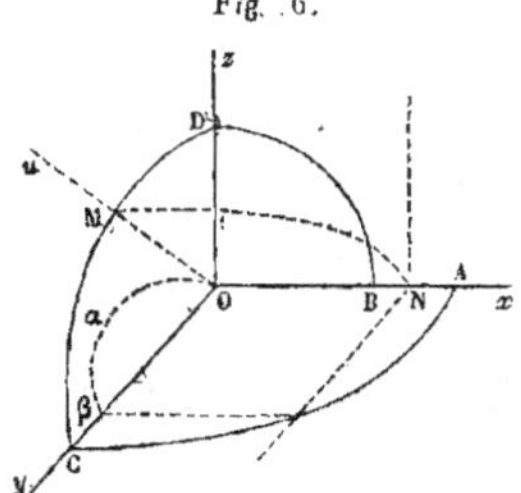

Fig. 6.

gulière de cette surface. On voit que la portion AB de l'axe des x en fait nécessairement partie.

Pour donner une idée de la forme de la surface le long de AB, j'ai supposé une section faite en N normalement à AB. Cette section se projette en vraie grandeur sur le plan des xz suivant la courbe $O\alpha\varepsilon$.

Du reste, les portions OB et Ax de l'axe des x font aussi partie de la surface; car son équation est satisfaite identiquement par $y = 0$, $z = 0$, quel que soit x. Mais ces parties de l'axe des x sont tout à fait détachées du reste de la surface, et ne se relient à rien.

Supposons actuellement $\rho^2 = B^2$, nous avons pour équation de la surface

$$(x^2 + y^2 + z^2)\left[x^2(A^2 - B^2) - z^2(B^2 - C^2)\right] - (x^2 + z^2)(A^2 - B^2)(B^2 - C^2) = 0,$$

ou bien encore

$$y^2 = (x^2 + z^2) \frac{1 - \dfrac{x^2}{B^2 - C^2} + \dfrac{z^2}{A^2 - B^2}}{\dfrac{x^2}{B^2 - C^2} - \dfrac{z^2}{A^2 - B^2}}.$$

On trouve encore que la surface est formée (*fig.* 7) par des cercles ayant

Fig. 7.

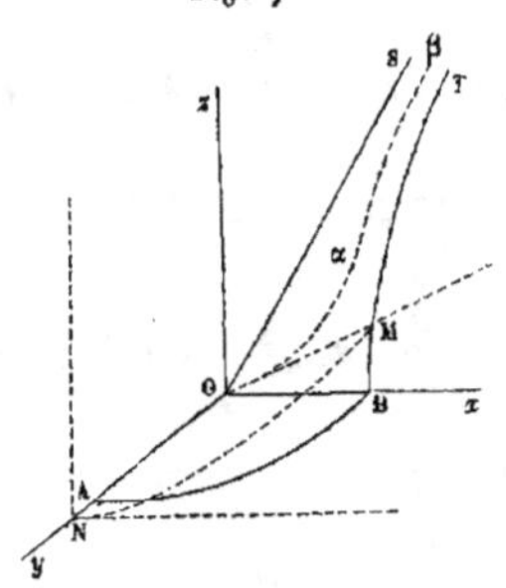

O pour centre, dont le plan passe par l'axe des y, et dont les rayons sont les rayons vecteurs correspondants de l'hyperbole trace de la surface sur le plan des xz

$$y = 0, \qquad \frac{x^2}{B^2 - C^2} - \frac{z^2}{A^2 - B^2} = 1.$$

La surface s'étend jusqu'à l'infini et a deux plans asymptotiques tels que SOy. La portion Ay de l'axe des y en fait partie intégrale; et pour mieux donner une idée de sa forme, j'ai donné la projection $O\alpha\beta$ de la section faite par le plan perpendiculaire en N à l'axe des y. Cette section montre bien comment, dans toutes les directions, à mesure qu'on s'éloigne du point O, la surface se rapproche de ses plans asymptotiques. La portion OA de l'axe des y en fait aussi partie; car l'équation de la surface est satisfaite pour $x = 0$, $z = 0$, quel que soit y. Mais elle reste tout à fait à part.

Pour $\rho^2 = C^2$, la surface dont l'équation devient

$$(x^2 + y^2 + z^2)[x^2(A^2 - C^2) + y^2(B^2 - C^2)] + (x^2 + y^2)(A^2 - C^2)(B^2 - C^2) = 0,$$

se réduit à l'axe des z :

$$x = 0, \quad y = 0.$$

Prenons maintenant l'équation (29) en général. Pour sa discussion, je distinguerai différents cas.

13..

1°. Supposons $\rho^2 > A^2$.

Dans ce cas (*fig.* 8), les sections de la surface par les trois plans coordonnés sont toutes réelles. Ce sont trois cercles et trois ellipses.

Fig. 8.

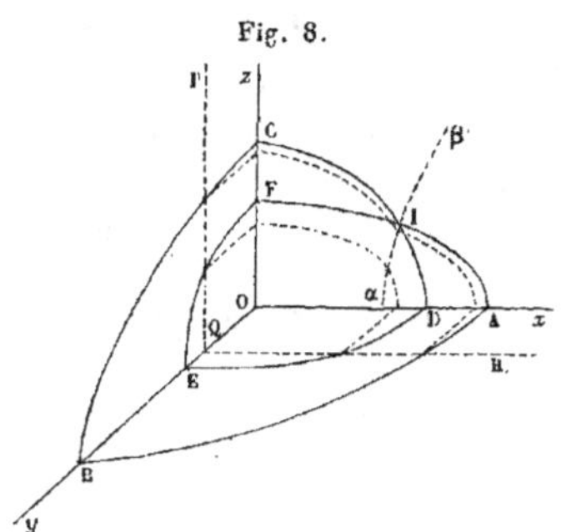

La surface est composée de deux nappes distinctes. La nappe intérieure coupe les plans coordonnés suivant les courbes DE, DIF et EF. Pour les points de cette nappe, c'est le plus grand rayon de gyration principal qui est ρ. La nappe extérieure coupe les plans coordonnés suivant les courbes AB, AIC et BC. Ses points ont pour rayon de gyration moyen ρ. Il n'y a pas de point dans l'espace qui ait ρ pour plus petit rayon de gyration.

La nappe extérieure et la nappe intérieure sont complétement fermées. La première enveloppe entièrement l'autre. Elles ne se tiennent que par quatre points tels que I, situés dans le plan des xz, où les tangentes aux deux nappes ne forment plus un plan, mais un cône du second degré. Ces points pour lesquels ρ est à la fois le rayon de gyration moyen, et le rayon de gyration maximum, appartiennent à l'hyperbole $\alpha\beta$ que nous connaissons déjà

$$y = 0, \qquad \frac{x^2}{A^2 - B^2} - \frac{z^2}{B^2 - C^2} = 1.$$

J'ai en outre figuré les sections des deux nappes par un plan PQR, parallèle au plan des xz.

Lorsque ρ^2 diminue et s'approche de A^2, le cercle FE de rayon

$$OE = \sqrt{\rho^2 - A^2}$$

diminue et tend à se réduire au point O. Les deux ellipses FIA et ED s'aplatissent. A la limite, la nappe intérieure EFID se réduit à la portion OD de l'axe des x.

Si donc nous nous reportons à la figure qui représente la surface pour $\rho^2 = A^2$, nous voyons que la partie OB de l'axe des x correspond aux points dont le plus grand rayon de gyration est A; que la surface proprement dite est formée par les points dont le rayon de gyration moyen est A. Quant à la portion Ax de l'axe des x, la suite montrera qu'elle représente les points dont le rayon de gyration minimum est A.

2°. Supposons $\rho^2 < A^2$, $\rho^2 > B^2$.

Voyons d'abord les sections de la surface (*fig.* 9) par les plans coordon-

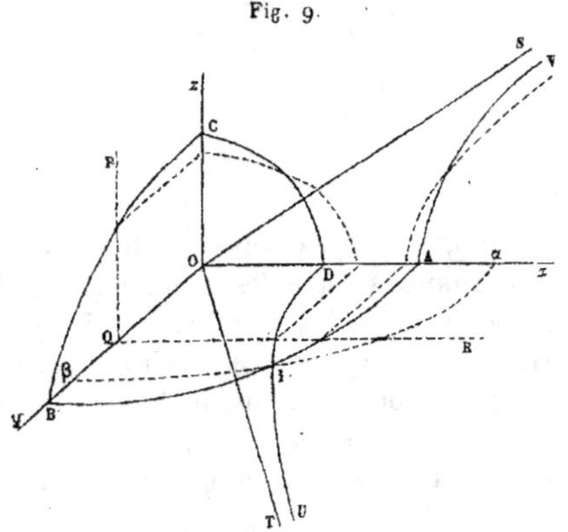

Fig. 9.

nés. Le cercle EF situé dans le plan de yz et de rayon $\sqrt{\rho^2 - A^2}$ devient imaginaire; et en même temps les ellipses AF et DE se changent en hyperboles AV et DU.

La surface est encore composée de deux nappes. La première, complétement fermée, coupe les plans coordonnés suivant les courbes DIB, DC et BC. Elle contient les points dont le rayon de gyration moyen est ρ.

La seconde nappe est indéfinie. Elle coupe les plans coordonnés suivant les courbes AIU et AV (elle ne rencontre pas le plan des yz). Elle a un cône du second degré asymptotique, qui a pour équation

$$y^2 (\rho^2 - B^2) + z^2 (\rho^2 - C^2) - x^2 (A^2 - \rho^2) = 0,$$

et qui coupe les plans des xy et xz suivant les droites OT et OS asymptotes des hyperboles DU et AV. Tous les points de cette nappe ont pour rayon de gyration minimum ρ.

Ces deux nappes sont encore reliées par quatre points singuliers tels que I, où elles présentent toutes deux de véritables pointes. Ces points I, situés dans le plan des xy, sont sur l'ellipse 6α dont nous avons trouvé l'équation à propos d'une autre question,

$$\frac{x^2}{A^2 - C^2} + \frac{y^2}{B^2 - C^2} = 1,$$

Et l'on pouvait prévoir ce résultat. Car pour ces points, le rayon de gyration moyen et le rayon de gyration minimum sont égaux, comme ayant tous les deux pour valeur ρ.

La figure ci-contre montre en outre la section des deux nappes par le plan PQR.

Si ρ^2 diminuant encore s'approche de B^2, le cercle CD de rayon

$$OD = \sqrt{\rho^2 - B^2}$$

diminue et tend à se réduire au point O; et en même temps l'ellipse CB s'aplatit, et l'hyperbole DIU se rapproche de l'axe Oy.

A la limite, pour $\rho^2 = B^2$, si l'on reprend la figure qui se rapporte à ce cas, on voit que la portion OA de l'axe des y représente la nappe intérieure CDIB, et correspond aux points dont le rayon de gyration moyen est B.

Toute la surface proprement dite comprend les points dont le rayon de gyration minimum a pour valeur B.

3°. Supposons $\rho^2 < B^2$, $\rho^2 > C^2$.

Le cercle CD et l'hyperbole DIU de la figure précédente deviennent imaginaires (*fig*. 10). L'ellipse BC se change en une hyperbole BQ.

Fig. 10.

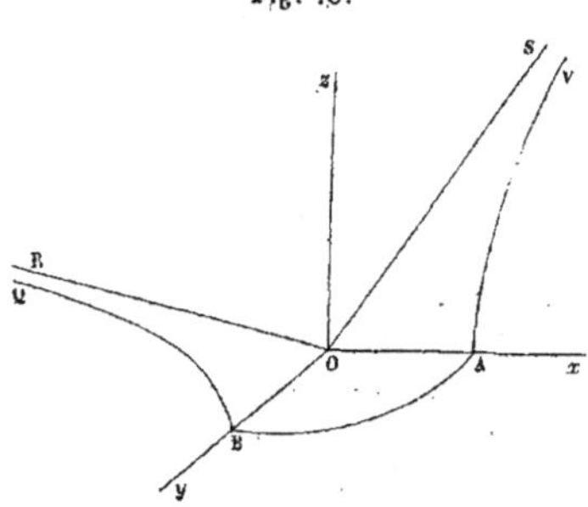

La surface est formée par une seule nappe indéfinie. Elle coupe les plans coordonnés suivant le cercle AB et les hyperboles AV et BQ. Elle a un cône asymptotique du second degré SOR qui a pour équation

$$x^2 (A^2 - \rho^2) + y^2 (B^2 - \rho^2) - z^2 (\rho^2 - C^2) = 0.$$

Sa forme ressemble assez à celle d'un hyperboloïde à une nappe, quoiqu'elle soit loin d'en être un.

Dans ce cas, ρ est le rayon de gyration minimum pour tous les points de la surface.

Si ρ^2 diminuant tend vers C^2, le cercle AB de rayon $OA = \sqrt{\rho^2 - C^2}$ tend à se réduire au point O, et les hyperboles AV et BQ se rapprochent de l'axe Oz.

Pour $\rho^2 = C^2$, on voit que la surface se réduit à l'axe Oz lui-même.

Pour $\rho^2 > C^2$, la surface devient entièrement imaginaire.

Nous venons de voir comment varie la surface lorsque ρ varie. Si l'on voulait étudier de plus près sa forme, il faudrait en faire l'épure; et cela ne souffrirait pas de trop grandes difficultés en se rappelant que, comme on a

$$\rho^2 = r^2 - \lambda,$$

la surface peut être regardée comme le lieu des courbes, intersection des sphères de rayon r et des surfaces du second degré de paramètre

$$\lambda = r^2 - \rho^2.$$

Ces courbes se projettent sur les plans coordonnés suivant des courbes du second degré, dont les axes s'obtiennent aisément.

J'arrêterai ici cette discussion, et même je ne serais pas entré dans tous les détails précédents si la surface qui nous occupait ne nous avait offert d'autre intérêt que celui de la question qui l'avait amenée. Mais on sait qu'elle se présente dans d'autres problèmes plus importants, et tout particulièrement dans la théorie de Fresnel sur le mouvement du rayon lumineux dans les substances biréfringentes. C'est ce qui m'a déterminé à l'étudier ici complétement.

Vu et approuvé,

Le 2 février 1858.

LE DOYEN DE LA FACULTÉ DES SCIENCES,

MILNE EDWARDS.

Permis d'imprimer,

Le 2 février 1858,

LE VICE-RECTEUR DE L'ACADÉMIE DE PARIS,

CAYX

Paris. — Imprimerie de Mallet-Bachelier, rue du Jardinet, 12.

PARIS. — IMPRIMERIE DE MALLET-BACHELIER,

RUE DU JARDINET, 12.

www.ingramcontent.com/pod-product-compliance
Lightning Source LLC
LaVergne TN
LVHW010359060726
842526LV00005B/1413